UNIVERSIDAD DE MURCIA
DEPARTAMENTO DE GEOGRAFÍA

Una Nueva Realidad

para un Nuevo Observador

La Geografía en el Siglo XXI

D. Abelardo López Palacios

2015

Tesis Doctoral Virtual PhD Thesis

Abelardo López Palacios

Una nueva realidad para un nuevo observador La Geografía en el Siglo XXI

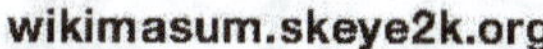

Tesis Doctoral Virtual en formato Web 2.0

Para acceder a ella,
pase un **lector** de **Código QR** sobre la imagen,
teclee en su navegador la URL que la perimetra
o **pulse** aquí.

2016 - octubre - V 4.0

Departamento de Geografía
Universidad de Murcia
EU ES-MC

Dirección de Tesis Doctoral:

- Dr. D. Carmelo Conesa García

- Dr. D. Ramón García Marín

La adquisición de este volumen se complementa con una versión digital,
en formato PDF A4, según instrucciones de Lectura Fuera de Línea, página 87.

Las imágenes incluidas en este documento y Anexos
son originales de Abelardo Lopez-Palacios
salvo las expresamente indicadas.

El término masculino es usado como valor genérico
sin que implique discriminación de ningún tipo.

Documento redactado íntegramente con LaTeX
y maquetado para impresión a dos caras.

Dedicatoria

A ĸ mis padres, a mi familia.
De donde vengo, lo que soy,
se lo debo.

Gracias **a la vida** que me ha dado tanto
Me dio dos **luceros** que cuando los abro
Perfecto **distingo** lo negro del blanco
Y en el alto **cielo** su fondo estrellado
Y en las multitudes "**lo**" (~~el hombre~~) que **yo** amo.

w *Violeta Parra*

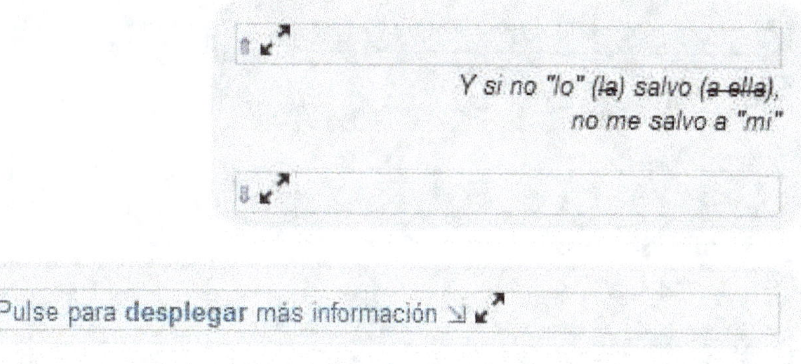

Agradecimientos

Sería prolijo, "dilatado en exceso", tratar de condensar en un pequeño espacio los agradecimientos a que debo el presentar esta Tesis Doctoral, compendio de conocimientos y saber adquirido a lo largo de una, ya extensa, vida con variadas secuencias, actividades y consecuentes relaciones, todas ellas conformando, de alguna manera, el conocimiento que trato de plasmar en esta publicación.

Incluso la premura de tiempo me inclina a dejar este apartado, estos agradecimientos, para momentos en que pueda evocar, según el avance de la exposición, situaciones, personas, "circunstancias", que han contribuido a la conformación del "yo" presente.

Por ello les invito a visitar Reconocimientos donde espero poder plasmar mi agradecimiento a las personas e instituciones a las que debo el presentar esta Tesis Doctoral Virtual, TesisALP.

Anexo A — Reconocimientos
en página 115

Bienvenida

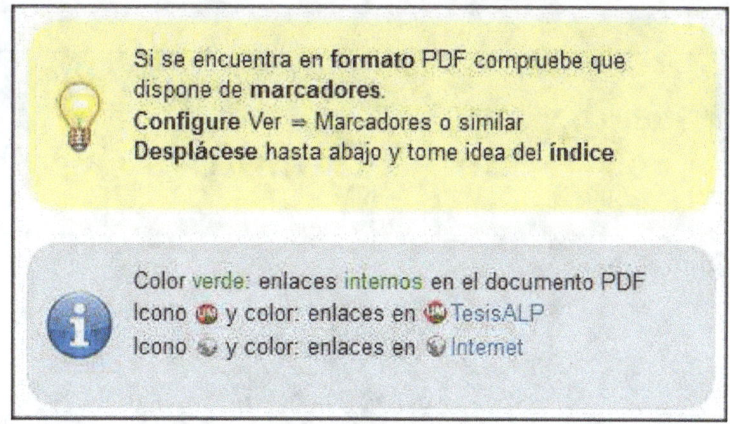

Tome una idea de esta publicación consultando el **índice** en la página xv.
Puede **ampliar** información en Traslación - Iconismo y/o Consejos.

Como observará en las imágenes **enmarcadas** y textos anteriores,
esta publicación **combina capturas de pantalla** de partes y secciones de **TesisALP**,
junto con **texto** propiamente dicho, **no siendo operativos** los enlaces de las imágenes.

Bienvenido, **bienvenida**[1], a este Dispositivo de Investigación y Difusión del Conocimiento –
DIDiC–, un "dispositivo" digital en una "compilación" orientada a su difusión en "formato analógico",
un "libro", en el que usted lee en estos momentos, o un "documento electrónico" en formato "PDF",
que consulta en su "computadora" o dispositivo electrónico "compatible", o en Web.

Y ya, en el primer párrafo, palabras, términos, algunos de ellos entrecomillados, que quizás le
pueden crear **confusión**, junto con la posible **sorpresa** por ciertas páginas, con notas a los pies,
imágenes, colores y saltos, incluso su adaptación a algo como un **manual técnico**: revisiones, cuando,
por qué, su difusión.

En un símil, en una asociación de ideas con los procesos de **embarque** en un aeronave, parece
necesaria una exposición **previa** al embarque, en la "salda de espera", de Bienvenida, antes de abordar
la lectura de **TesisALP**, de modo que esa lectura, la consulta de su contenido, sea amena y accesible
a todas las personas que a ella accedan, al igual que sucede en un vuelo de, quizás, larga duración.

Con esa intención se diseña esta "Bienvenida" a un **dispositivo tecnológico**, al que se le
dota de algo que se podría considerar como un "Manual de Operación y Mantenimiento" que es
necesario conocer para abordar su uso, de modo que los resultados perseguidos, la **Difusión del
Conocimiento**, usando esta Tesis Doctoral Virtual como muestra de métodos y procedimientos,
entre otras cosas, consiga su objetivo y el@ lecto@r, el@ usuario@ acceda, *"capte [algo] por medio
del intelecto o de los sentidos"*, "aprehenda" el conocimiento que en ella pueda encontrar, sea de
su interés.

Ánimo, y paciencia, para poder **coordinar** un dispositivo analógico, un **libro**, con uno digital
estático, un **CD**, **local**, reflejo **ambos** de uno digital **dinámico**, en **Red**, una **Web**.

---

[1]Con dedicatoria especial a mi prima y madrina Teresa Nélida Ferrero Palacio[s], **Nelita**, que espero pueda
leer esta publicación, en libro o en Web, con tranquilidad, la propia de la edad y la sabiduría.

     wikimasum.skeye2k.org/tesisalp

de Saint-Exupéry, Antoine. "El Pincipito", 1943.
 ES + EN FR + AR HE

Estructura del Documento

Este documento se estructura en **dos** grandes apartados, PARTE I y PARTE II, junto con Anexos.

Con posterioridad a su Registro −V2.3−, se añade un Anexo B − Adenda −página 123− en el que se incluyen notas y aspectos que, por diversas razones, no se han reflejado en la versión registrada, generando una V2.4, versión que se pone a disposición del Tribunal Examinador.

Así mismo, se añade texto en color azul, como el apartado anterior y este, que, en sentido purista, pueden no ser considerados parte de la Tesis Doctoral, ya que no forman parte de esa versión registrada, pero que se consideran relevantes, como se detalla en Adenda − Argumentario.

Estas actualizaciones, junto con la información que se genere en el acto de defensa, podrán conformar una Versión 3.0, momento en que, si así es calificada, se constituiría en Tesis Doctoral Virtual, pudiendo considerarse hasta ese momento un Proyecto de Tesis Doctoral Virtual.

Con posteridad a estas notas, en la versión V4.0,
se añade Anexo C − Adenda 2
junto con ligeras modificaciones en el orden de presentación.

INTRODUCCIÓN

En forma introductoria, desde la Portada hasta el inicio de la PARTE I −páginas iii a 19−, se incluye lo que sería la Tesis Doctoral Virtual en su más simple presentación, un **código QR**, seguida de Dedicatoria, Bienvenida y esta página, Estructura del Documento, seguida del Índice General, todo ello a modo de "Manual de Operación" que permita una visión general y facilite la lectura de esta publicación.

PARTE I

- Entre el inicio de PARTE I y la PARTE II −páginas 19 a 71−, se incluye lo que sería la Tesis Doctoral con un primer apartado, Introducción a **TesisALP**, con Justificación, Hipótesis, Objetivos, Estado del Arte y de la Ciencia así como Métodos y Fuentes empleados en los procesos de investigación −páginas 23 a 31− concluyendo con una referencia a Geógrafo Práctico vs Geógrafo Teórico en página 33

- En Capítulos −páginas 35 a 53− comenzaría la **parte nuclear** de la Tesis Doctoral, en la que, a modo de *"lugares de reunión donde debatir, exponer, desarrollar"*, en una forma de posibles **Foros de Conocimiento** sobre temas específicos e **interrelacionados**, se aborda

  − Singularidades −página 36− en el que se resaltan algunas de las **características** que conforman esta Tesis Doctoral Virtual y esta publicación en **formato** analógico, un "libro", seguido de la Era de la Aeronáutica y el Espacio −página 43−, como momento de **inicio**, del nacimiento de una **Nueva Realidad** en que se desenvuelve un **Nuevo Observador** que, entre otras cosas, redacta, escribe, se expresa en **lenguaje digital**

  − Las Herramientas que esta **Nueva Realidad** pone a **disposición** de ese@ Nuevo@ Observado@r, junto con la Ergonomía de la Información, la Geografía Cultural, propuesta de Base de Datos de Conocimiento Geográfico y análisis de los **Simuladores Virtuales**, Virtual Simulator, conforman esta **nucleariedad**

- Entre las páginas 55 y 63 se **exponen** una serie de Conclusiones, Conclusiones Parciales, Líneas de Investigación y Conclusiones Finales como **exponente** de las investigaciones realizadas y **proyectos** de futuro que se puede **colegir** de todo lo **expuesto**

- Bibliografía, donde se recogen algunas de las referencias bibliográficas que sirven de apoyo a los razonamientos y exposición, cierra esta PARTE I

PARTE II

En la PARTE II, desde la página 71 hasta la página 115, inicio de los Anexos, se **encuentran** una serie de apartados compuestos por 🌐 capturas de pantallas comentadas, de la 🔴 dirección Web en que se encuentra **TesisALP**, **junto con** otras secciones de **texto**.

Esta segunda parte, a modo de **ampliación a la propia Tesis Doctoral**, consta de:

- Una **exposición** sobre el denominado "EcoSistema Digital de Investigación y Difusión del Conocimiento" −página 73−, composición de **Infraestructura** y **Software** como **Servicio** −🌐 IaaS y 🌐 SaaS−, base de la 🌐 Computación en la Nube, **"en demanda"**, diseñado, configurado e **implementado** en esta Tesis Doctoral Virtual, y en el que se desarrolla **TesisALP**

- Portal Web −página 83−, la pantalla principal de acceso a 🔴 TesisALP - Inicio

- Distribución de la Presente Edición, página 85, como reflejo de la evolución, modificaciones y actualizaciones que va sufriendo este Dispositivo de Investigación y Difusión del Conocimiento −DIDiC− así como la personalización, objetivo y otros aspectos de la distribución

- Lectura Fuera de Línea, página 87, donde se encuentra un **CD/DVD para su lectura en instalación local**, con instrucciones para su operación

- Un **apartado** sobre Versiones, página 91, en que se razona sobre las **diferencias** entre versiones analógicas y digitales, los WikiLibros −página 94−, **concluyendo** con un Colofón −página 101− de aconsejada lectura

- @bout, página 105, como compendio de **términos conceptuales** empleados a lo largo de esta Tesis Doctoral a modo de FAQ − 🌐 Frequently Asked Questions

ANEXOS

Cierra esta edición una serie de **Anexos**:

- Reconocimientos −página 115− en el que se recogen reconocimientos y dedicatorias a personas e instituciones que han ayudado y permiten la presentación y defensa de esta Tesis Doctoral Virtual, **TesisALP**

- Adenda −página 123− en el que se incluyen notas y aspectos que, por diversas razones, no se han reflejado en la versión registrada, V2.3

- Adenda 2 −página 125− en el que se incluyen una serie de notas sobre Migración a **TesisALP** −página 125−, Notas del Tribunal Examinador −página 127−, y otras que complementan la versión **V4.0**, tanto analógica, este volumen, como en 🔴 Web.

Se aconseja la consulta de
Lectura Fuera de Línea, en página 87.

Índice General

PARTE I

Página en blanco por maquetación
e impresión a doble cara

Resumen

"Una Nueva Realidad para un Nuevo Observador. La Geografía en el Siglo XXI", Tesis Doctoral Virtual, en adelante TesisALP, se conforma como un compendio de experiencias personales y prácticas de procesos de Gestión Integral de la Información Geográfica Digital —GIIGD— realizados al amparo de distintos proyectos, tanto en el ámbito laboral como en el de la investigación, algunos ya ejecutados, otros en fase de desarrollo, todos en mantenimiento y actualización.

Esta tesis se presenta en un formato novedoso y con ciertas singularidades, formato hipertexto, en Wiki, conformando una Web 2.0, siendo uno de sus objetivos poner este recurso, y las competencias de alfabetización digital requeridas para su desarrollo, como ejemplo de futuros trabajos académicos virtuales, innovadores y aplicados, en la nueva realidad en que han de desarrollar su preparación y formación las nuevas generaciones.

Un recurso que pueda dar lugar a la definición de un "EcoSistema Digital de Investigación y Difusión del Conocimiento" basado en una Infraestructura como Servicio —IaaS— complementada con el Software como Servicio adecuado —SaaS— para la realización de esas funciones investigadoras y de difusión del conocimiento.

TesisALP versa, entre otras cosas, ya que es casi enciclopédica, en la forma —wiki— y en el fondo —abarca diversos temas—, sobre Simuladores Virtuales, con varias aplicaciones, Simuladores Virtuales Geográficos e informacionales, tendentes hacia la Realidad Virtual inmersiva.

Los Vehículos Aéreos Pilotados Remotamente -RPAS-, "drones", que se han usado para obtener Información Geográfica Digital para conformar estos simuladores, entre otras finalidades, así como distintas herramienta de captación de Información Geográfica Digital como dispositivos de Virtualización del Entorno, son analizadas en función de su soporte en los procesos de GIIGD.

La nueva realidad del nuevo observador, del nuevo Geógrafo, se conforma sobre unas herramientas y una capacidad de gestión de la IGD que han de conocer y dominar las personas que desarrollen su carrera profesional, su vida, a lo largo del Siglo XXI. Y, con seguridad, no solo lo@s Geografo@s.

La propuesta de nuevos recursos, como un Sistema de Coordenadas Pentadimensional —PdS—, o la integración de nuevos modos de tratamiento y difusión del conocimiento, de las imágenes, fotografías, vinculadas a su fuentes de información —coordenada "W"— en una sociedad dominada por la Comunicación Visual, en un proceso evolutivo que se inicia en los albores del Siglo XX, con el inicio de Era de la Aeronáutica y el Espacio, son analizados en una serie de Capítulos, como "lugares" de debate, aportando, finalmente, una serie de Conclusiones Parciales y Finales.

Conclusiones Finales que confirman las hipótesis de partida, que se pueden concretar en el título propuesto y su evolución, Tesis Doctoral Virtual en que, expuestos razonamientos y casos de estudio aplicados, se constata el hecho de la existencia de una Nueva Realidad, lo que propicia la existencia de un Nuevo Observador, cuestionando, en el ámbito de estudio de la Geografía, de las Ciencias de la Tierra y el Espacio, una nueva percepción, quizás una nueva concepción de sus paradigmas.

Palabras Clave: GIIGD, hipertexto, Wiki, Web 2.0, Tesis Doctoral Virtual, EcoSistema Digital, Simulador Virtual, Pentadimensional, PdS, Coordenada W

Abstract

"A New Reality for a New Observer. Geography in the 21st c.", Virtual Phd Thesis, henceforth TesisALP, it is conformed as a summary of personal experiences and process practices of Digital Geographical Information Integral Management −DGIIM−, realized under the protection of different projects, both in the labor and research areas, some of then already executed, others under development, all of then in maintenance and update.

This thesis appears in a new format and with certain singularities, hypertext format, in Wiki, shaping a Web 2.0, being one of his aims to put this resource, and the competences of digital literacy needed for his development, as example of future academic virtual, innovative and applied works, in the new reality in which the new generations have to develop its formation and training.

A resource that could give place to the definition of a "Research and Knowledge Diffusion Digital EcoSystem" based on an Infrastructure as a Service −IaaS− complemented with the Software as a Service −SaaS− for the accomplishment of these in researchers functions and diffusion of knowledge.

TesisALP deals with, among other things, since it is almost encyclopaedic, the form −wiki− and the fund −it includes several topics− about Virtual Simulators, with several applications, Virtual Geographical and Informational Simulators, tending towards the "inmersive Virtual Reality".

The Remotely Piloted Aircraft Systems −RPAS−, "drones", that have been used to obtain Digital Geographical Information to form these simulators, among other purposes, as well as different tool of Digital Geographical Information capture of Environment Virtualization's devices are analyzed depending on DGIIM's processes support.

The New Reality of the New Observer, of the new Geographer, is conformed by a few tools and a capacity of management of the DGI that must be know and mastered by the persons who develop their professional career, their life, along the 21st century. And, safely, not only the Geographers.

The offer of new resources, as a Pentadimensional Coordinates System −PdS−, or the integration of new treatment and diffusion of ways of knowledge, images, photographies, linked to the information sources −coordinate "W"− in a society dominated by the Visual Communication, in an evolutionary process that begins in the dawn of the 20th century, with the beginning of the Aeronautics and Space Era, are analyzed in a series of Chapters, as "places" of debate, contributing, finally, a series of Partial and Final Conclusions.

Thes Final Conclusions that confirm the starting hypotheses, which can be set in the proposed title and its evolution, Doctoral Virtual Thesis where, once thereasonings and applied case studies are exposed, the fact of a New Reality existence is stated, which propitiates the existence of a New Observer, questioning, in the study Geography, of Earth and Space Sciences, a new perception, probably a new conception of its paradigms.

Keywords: DGIIM, hipertext, Wiki, Web 2.0, Virtual PhD Thesis, Digital EcoSystem, Virtual Simulator, Pentadimensional, PdS, W Coordinate

1   Introducción

"Una Nueva Realidad para un Nuevo Observador. La Geografía en el Siglo XXI", **Tesis Doctoral Virtual** que presenta D. Abelardo López Palacios -Lopez-Palacios-, en adelante **TesisALP**, se conforma como un **compendio** de experiencias personales y prácticas de procesos de Gestión Integral de la Información Geográfica Digital **realizados** al amparo de distintos proyectos, **tanto** en el ámbito laboral **como** en el de la investigación, algunos ya ejecutados, otros en fase de desarrollo, **todos** en mantenimiento y actualización.

El **empleo** de los recursos y medios con los que han sido desarrollados, los más **avanzados** que en cada momento la **tecnología** ha alcanzado, es una de las **características** comunes de estas experiencias prácticas, experiencias que son expuestas en los denominados como **"Capítulos"**, una serie de temas **no** numerados, desarrollados junto con otros que se consideran vinculados, relevantes para la interpretación de **TesisALP**.

Los **"Capítulos"** que se abordan, en la idea de una "junta", un **lugar** en el que exponer y debatir sobre un tema específico, comienzan con un análisis de lo que se ha denominado como **"Era de la Aeronáutica y el Espacio"**, punto de referencia e inicio de un proceso de cambios vertiginosos, con afección global y en todos los ámbitos de la vida, cambios que llevan a cuestionar la **Nueva Realidad** en la que se desenvuelve el Nuevo Observador.

Las **"Herramientas"**, como elemento básico en que basar la investigación y la difusión de sus resultados, en un entorno en el que la **"Ergonomía de la Información"**, la Ergonomía Cognitiva, toma una relevancia cada vez más destacada, más aún en los campos relacionados con la Información Geográfica Digital; la **"Geografía Cultural"** como reflejo de esos cambios, esas "actualizaciones" que de modo constante afectan a la sociedad; la definición de una **"Base de Datos de Conocimiento Geográfico"** en que integrar, de modo estructurado, los datos que permitan el acceso al conocimiento geográfico y su gestión en los entornos de "Datos masivos" -Big Data-; su análisis en el campo de los **"Simuladores Virtuales"** y la orientación a la definición de Entornos Virtuales que determinen Espacios Geográficos Virtuales, integrables en una Realidad Aumentada informacional -RAiAR- que permita el acceso al conocimiento geográfico, a su uso y aplicación, constituyen los temas más relevantes abordados en **TesisALP**.

Complementariamente, y como **recursos de apoyo** al acceso a esta Tesis Doctoral Virtual, redactada en formato hipermedia, conformando una Wiki, una Web 2.0, se incluyen unas notas orientativas y aclaradoras en el Capítulo **"Singularidades"**, con mención específica de algunas de esta publicación, así como otras que se consideran de interés, como **"Consejos"** para su lectura.

Una serie de razonamientos sobre las implicaciones que los formatos digitales comportan en los aspectos de su edición, la compatibilidad del mundo "analógico" y los entornos "digitales" como soportes de difusión del conocimiento en los albores del Siglo XXI, los **"Índices"** y las **"Versiones"** y su tratamiento, complementan esta **Tesis Doctoral** ⊕ Virtual compuesta por *"recursos (que) son documentos y otros (que) son procesos que crean documentos"* – Lamarca (2006).

Esta estructura, tanto es su aspecto de "contenedor", Máquina Virtual, distribución Doku-Wiki, granja, como se escriben las enciclopedias en formato Web 2.0, como de "contenido", ya que se abordan varios Capítulos, varios aspectos relacionados con las Ciencias de la Tierra y el Espacio, junto con unas notas sobre "nuevo", "Geografía", "realidad", "observador", conceptos epistemológicos claves en el conocimiento, más conjugados en unión, "nueva realidad", "nuevo observador", en un tratamiento polifacético, en este contexto quizás enciclopédico, pueden conferir la categoría de Tesis Doctoral Virtual Enciclopédica.

Las capacidades de actualización de los entornos digitales, a diferencia de los "estáticos" documentos analógicos tipo libro, así como su orientación a una forma de Conocimiento Continuo Cooperativo $-Co^3-$, posibilitan que esta Tesis Doctoral, en su forma Virtual, pueda ser actualizada, "recrecida" con nuevos temas, nuevos Capítulos, modificación de partes, su vinculación con trabajos académicos de otro@s investigadore@s como desarrollo de aspectos concretos, en un proceso dinámico reflejo de la sociedad y el tiempo en que se inscribe esta Tesis Doctoral Virtual, el año 5776 ⊕ CH - 2015 ⊕ EC - 111 de la **Era de la Aeronáutica y el Espacio**.

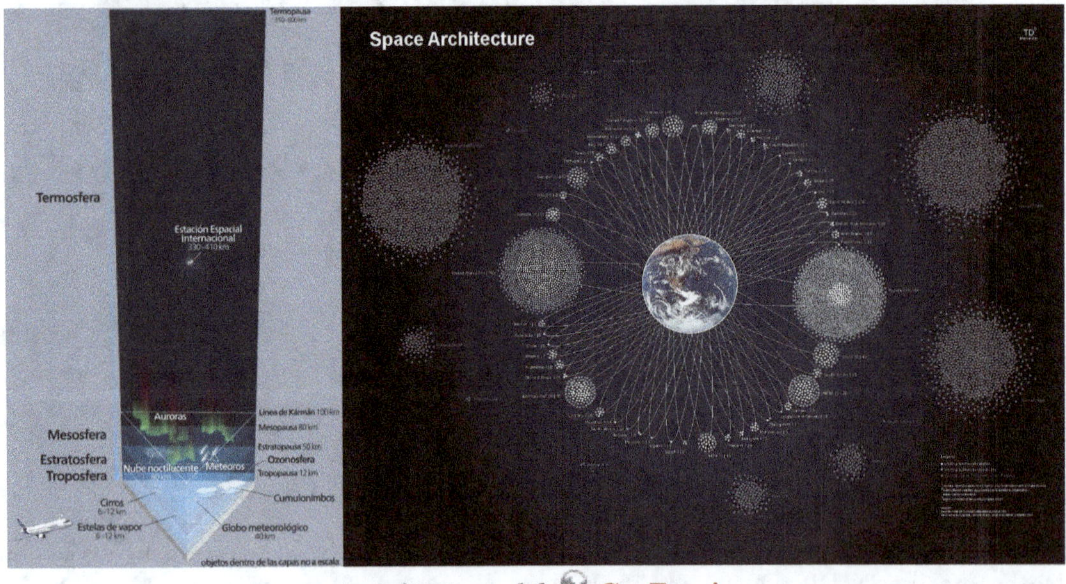

Arquitectura del ⊕ GeoEpacio

Un momento en que se vislumbra un futuro, casi ya presente, en el que el **dominio** de las técnicas digitales, las "habilidades alf@(béticas) digitales" que posea una persona, las **"competencias digitales"** que le permitan **leer** y **escribir** en lenguaje digital cada vez estén más presentes, sean exigidas, se presenta **TesisALP** ⊕ con una intención última: poner de **relieve** la necesidad de asumir esta realidad y, dentro de lo posible, servir de muestra, de **orientación** para futuros Trabajos Académicos Virtuales.

1.1 Justificación

Dentro del proceso de **"Gestión Integral de la Información Geográfica Digital"**, se dispone de varias **herramientas expositivas**, como fase final de ese proceso continuo de planificación, captación, procesado, almacenamiento y **difusión** de la Información Geográfica Digital, destinadas a la **divulgación** de la misma, sus métodos y procedimientos.

Un caso específico puede ser considerado esta Tesis Doctoral en la que se trata de exponer y razonar varios **aspectos conceptuales** relacionados con la Geografía, en una acepción amplia de la misma, tesis íntimamente relacionada con usos geográficos generales en los albores del Siglo XXI, momento en el que el dominio de los formatos digitales se consolidan de modo incuestionable, conviviendo con la vida, un mundo analógico, en una forma de continuidad casi sin transición perceptiva transformando, incluso, ese concepto de "vida".

Las capacidades, los medios y herramientas digitales, los **dispositivos**, permiten una percepción nunca alcanzada por la Humanidad. Y una **interacción** con, prácticamente, cualquier persona, cualquier recurso en red, en un paso más del fenómeno denominado como "Globalización", la "Sociedad Red", como desarrolla Manuel Castells en su amplia bibliografía, como *"Internet y la Sociedad Red"* − Castells (1999).

Estos hechos que conforman la "Nueva Realidad" en que vive y se desarrolla el "Nuevo Observador", propician abordar esta Tesis Doctoral Virtual en un **formato dual**, **analógico**, en formato **libro**, según la normativa vigente sobre Tesis Doctorales, y **virtual**, en formato Wiki, Web 2.0, como **muestra** de esa Nueva Realidad, del mundo, de las técnicas y métodos que ha de usar el investigador como **forma propia de expresión** de ese "Nuevo Observador".

Así, la **justificación**, respecto a la **forma** de presentación y defensa de esta Tesis Doctoral, en este formato **Virtual**, se encuentra relacionada con el **modo** en que se **expresa** ese "Nuevo Observador", el Geógrafo@, poseedor de unas capacidades de Alfabetización Digital propias de esa "Nueva Realidad", del mundo, de las técnica y métodos del Siglo XXI.

Respecto al **fondo**, la exposición de las técnicas y **capacidades** que la "Nueva Realidad" pone a **disposición** del "Nuevo Observador", **justifican** su **consideración** como **métodos** de adquisición, tratamiento y **aplicación** de la "Información Geográfica Digital" en una visión de "Gestión Integral de Información Geográfica Digital".

1.2 Hipótesis

La hipótesis que se expone tiene su base conceptual en una serie de "creencias", fruto del conocimiento y la experiencia adquiridas por el doctorando a lo largo de los años en varios campos del saber, todos interrelacionados, y que permiten formular el título de esta Tesis Doctoral, con una componente Virtual, en el que se postula una **"Nueva Realidad"** para un **"Nuevo Observador"**, lo que induce a cuestionar **"La Geografía en el Siglo XXI"**.

Así, se establece como hipótesis la existencia de una **Nueva Realidad** en razón de los avances ocurridos a partir del momento en que el hombre **comienza** a volar, a **dominar** el elemento "aire", en la concepción de "espacio", **abriéndose** la que se considera, según este razonamiento, como Era de la Aeronáutica y el Espacio, era en que el ser humano puede observar su hábitat desde las alturas, tomar conciencia de sus dimensiones, dando lugar a la frase *"lo que **no** se ve desde allá arriba son las **fronteras**"*, pronunciada por el cosmonauta Sergei Krikalev, *"el ser humano que ha pasado más tiempo en el espacio"* (803 días), propiciando *"un cambio cognitivo de la conciencia"*, el overview effect, el efecto perspectiva.

Esta **Nueva Realidad** es promovida por los primeros seres humanos que adquieren una formación basada en unos conocimientos propiciados por los avances de la Primera Revolución Industrial, cuyas aplicaciones se desarrollarán en los inicios del Siglo XX, periodo que algunos autores identifican como una Segunda Revolución Industrial, que finalizaría en 1914 EC, año 11 de la EAE.

Una **Nueva Realidad** que, a su vez, propicia la **conformación** del ser humano, casi de modo **imperceptible**, a lo largo del Siglo XX, como un **"Nuevo Observador"**, con métodos, **capacidades**, recursos que pueden **cuestionar**, en el ámbito de **estudio** de la **Geografía**, de las "Ciencias de la Tierra y el Espacio", una **nueva** percepción, **quizás** una nueva **concepción** de sus **paradigmas**, de sus **fundamentos**.

Un "Nuevo Observador" dotado de unas capacidades, conocimientos, recursos, inimaginables poco tiempo atrás, que otea su entorno real, la Tierra, desde cualquier altura, a cualquier profundidad, desde el ángulo adecuado, con "ojos" multiespectrales que le permiten ver mucho más allá de lo que su imaginación le podía augurar; analizar esa información casi en tiempo real, apoyándose en infinidad de recursos distribuidos por toda la superficie de la Tierra, el espacio próximo, lejano, integrados en un Mundo Virtual, Cibernético, en su **"Nueva Realidad"**.

Por otro lado, este desarrollo ha **requerido** la resolución de unos retos, satisfacer unas **necesidades** fundamentales para permitir este desarrollo en el espacio próximo y lejano, retos impuestos por la optimización de los recursos, "payload", carga de pago, en aeronaves y astronaves:

- **reducción** de pesos y **ganancia** de resistencia, lo que conlleva la investigación y desarrollo de **nuevos materiales** dotados de esas características

- **disminución** de los **tamaños** en todos los componentes y elementos embarcados, lo que exige la investigación y aplicación de soluciones orientadas a la **miniaturización** de determinados componentes, progresivamente de todos los posibles

- el **control remoto**, asumido tempranamente que no es suficiente con la tecnología existente, **demanda** nuevos métodos, nuevas soluciones, que desembocan en lo que será conocido como **procesos telemáticos**, lo que, a su vez, exigirá y dinamizará la

    - **computación** y micro computación
    - **digitalización**

Estos progresos y avances han **revertido** en todos los procesos industriales y comerciales, propiciando un nuevo modo de vida, prácticamente en todos los aspectos, y afectando a toda la humanidad, **propiciando** la denominada como **Globalización**, fenómeno que **ya determina** la vida del **ser humano**. Más aún, de modo quizás inimaginable, en los años, siglos, **venideros**.

Un avance, un progreso que se produce en el transcurso de un **periodo de tiempo** que se puede llegar a considerar **"despreciable"** según la escala temporal geológica —112 AñOS 0 MESES 0 DIAS hasta 2015-12-17— en que se ha pasado de una **situación** "cero" —nadie en la humanidad volaba— a **alcanzar** los confines del Sistema Solar, contando el ser humano con una "presencia" extensa y **estable**.

Una **"Nueva Realidad"** mostrada en la imagen siguiente, **parte** de Resumen, en la que se observa la nueva **configuración** que la Tierra ofrece hoy en día, relacionada con el Sistema Solar, del que forma parte, en la que los **elementos artificiales**, astronaves, junto con la International Space Station, la presencia estable del hombre en esas altitudes, todo ello producto del **progreso humano**, constituyen elementos que **posibilitan** una **forma de vida**, una "Nueva Realidad", ya **cotidiana** en este inicio del Siglo XXI.

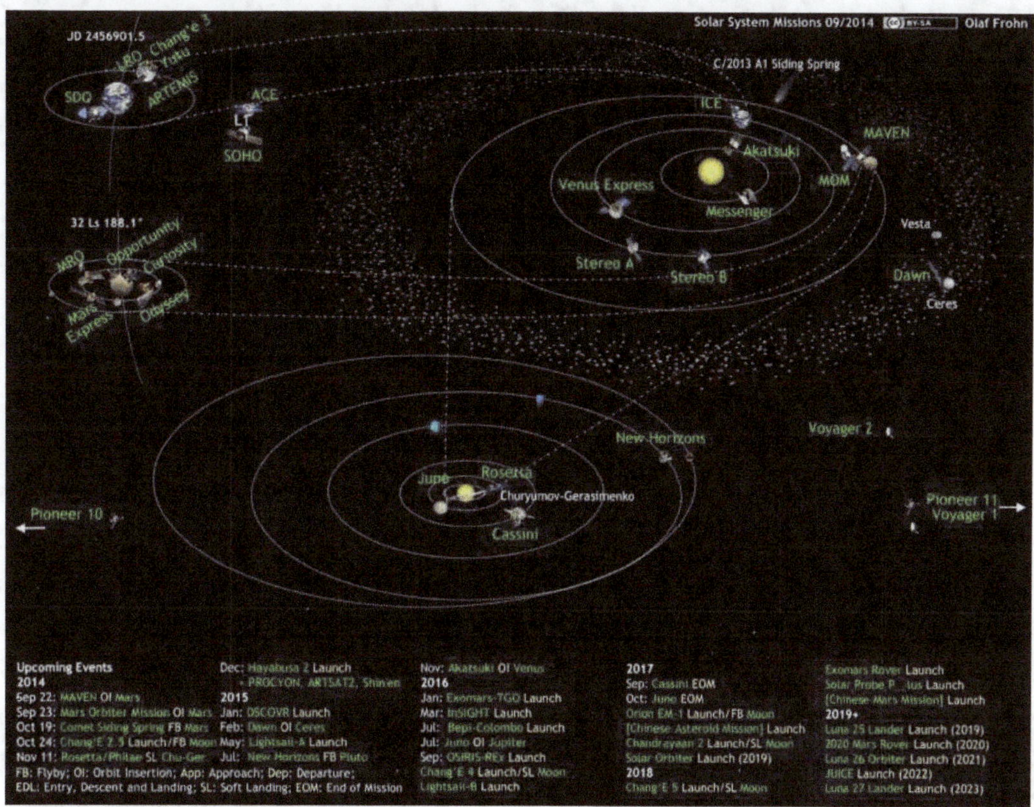

Arquitectura del Espacio Interplanetario

Borde izquierdo y derecho, saliendo al Espacio Interestelar

1.3   Objetivos

Los **objetivos** perseguidos con **TesisALP**, **girando en torno** a la "Gestión de la Información Geográfica Digital" en una **concepción** "Integral" del proceso, y con una **perspectiva eminentemente práctica**, de aplicación demostrativa de los medios y técnicas contemplados y analizados, se pueden encuadrar en tres grandes apartados:

- Un señalamiento de las **herramientas** que esta "Nueva Realidad" pone a disposición del "Nuevo Observador", herramientas que permiten la **captación** del entorno en que se desarrolla la vida, la **Virtualización de los Espacios Geográficos** y su integración como **modelos** en que desarrollar **simulaciones**, conformando **Simuladores Virtuales** no inmersivos e inmersivos

- La **propuesta** y **desarrollo** de un "EcoSistema Digital de Investigación y Difusión del Conocimiento", **herramienta computacional** propia de esta "Nueva Realidad", idónea para las labores que su enunciado contiene, **investigación** y **difusión** del conocimiento, según las **capacidades digitales** que el "Nuevo Observador" posee, ha de poseer

- La **presentación** y defensa de **TesisALP**, como Tesis Doctoral Virtual, **experimento** y **práctica** de estos recursos, estas capacidades digitales, del mismo modo en que hoy en día se transmite el conocimiento, los manuales de instrucciones y mantenimiento de cualquier herramienta, en **formato** Wiki, en Web 2.0

Finalmente, y en aras de concretar y agrupar **objetivos primarios**, más **otros** que se han ido decantando en el **transcurso** de la presentación de **TesisALP**, esencialmente **relacionados** con los formatos analógico y digital de su **publicación**, se puede considerar como objetivo central el **concepto** y **aplicación** de la **Virtualización** en procesos de **Gestión Integral de la Información Geográfica Digital**, tanto en planificación, captación, procesado, explotación y difusión, constituyendo **una síntesis** de todo ello esta Tesis Doctoral Virtual, una **muestra** de la forma en que **se expresa y relaciona** un Geógrafo en los inicios del Siglo XXI.

1.4   Estado del Arte y de la Ciencia

1.4.1   Argumentario

Atendiendo a la exposición que sobre Estado del arte se hace en Wikipedia, y dado que en la sección Tesis Doctorales de la misma se hace una referencia al libro primero de Metafísica, en que Aritóteles **clasifica el conocimiento** en ciencia, arte y experiencia, y que concluye con *"esto explica que en las tesis doctorales realizadas en ciencias, dicho capítulo se llame Estado de la **Ciencia** y en **ingenierías** en general Estado del **arte**"*, se podría usar cualquiera de los **dos** términos, conceptos, en esta Tesis Doctoral, incluso un **tercero**, "Estado de la **Experiencia**", en la acepción con que Aristotle se refiere a *"el conocimiento que poseen los diferentes oficios, pescador, agricultor, carpintero, etc."*.

La experiencia, la *"práctica prolongada que proporciona conocimiento o habilidad para hacer algo"*, propio de una persona "práctica", de alguien que persigue la *"aplicación de una idea"*, resulta algo **dominante** en, prácticamente, todo lo que afecta a esta Tesis Doctoral.

Una serie de **experiencias prácticas**, de casos de estudio aplicados, para cuya "resolución" es necesario el uso y dominio de varias técnicas, métodos y recursos, que **pueden ser encuadrados bajo diversos epígrafes**, tal y como se requiere en la normativa vigente, con inclusión de *"Códigos de términos TESAURO en que se encuadra la Tesis para la base de datos TESEO (al menos uno)"*, requisito que se torna "complejo".

En una primera aproximación y sin ánimo de ser exhaustivo, dadas, entre otras razones, la necesidad de análisis de las 50 páginas de que consta el documento Términos Tesauro, **se pueden considerar diversos códigos y áreas** que se trata de resumir en Geografía, Simulación, Informática, Ingeniería y Tecnología del Medio Ambiente, Fotografía, Toma de datos de campo, Investigación Aeronáutica y pruebas de vuelo.

Ramas de Geografía, Física, Humana, Cultural, Geografía Topográfica; de la Ingeniería Geomática, como Topografía, Fotogrametría Geodésica, **incluso** Historia de la Ciencia, de la Geografía, de la Tecnología, **pudiendo** abarcar diversas ramas de Filosofía que se podría concretar en Filosofía del Conocimiento

Así, en el momento en que se pretende **situar** el conocimiento tratado en esta Tesis Doctoral Virtual, **relacionarlo** con referencias bibliográficas, líneas de investigación, como habitualmente se puede hacer con otras tesis y/o publicaciones, se **encuentra** el primer problema: **de qué** conocimiento, de qué **tema** se ha de determinar esa situación, ese Estado del Arte, de la Ciencia, de la Experiencia.

1.4.2 Virtualización

El término "virtualización" es considerado, de modo mayoritario, adscrito al ámbito computacional, en una concepción de recurso y/o capacidades que los sistemas software y hardware proporcionan, denotándose la falta de una referencia a qué se virtualiza, por qué, para qué, no tanto cómo se gestiona esta información digital, virtualizada, un aspecto tratado, de modo introductorio en el Capítulo Singularidades − Virtualidad, considerando que *"La virtualisation est un des principaux vecteurs de la création de réalité"*, como señala Pierre Lévy en "Sur les Chemins du Virtuel" −Lévy (2006)−.

De hecho, la búsqueda de "knowledge virtualization" en Web of Science aporta dos referencias, ambas vinculadas, más bien, con aspectos técnicos informáticos, mientras el término "virtualization" aporta dieziocho resultados, nueve de ellos, aún no directamente vinculados con las líneas investigadas, susceptibles de consideración en estudios de ampliación, estudios que podrían ser complementados con otros criterios de búsqueda, caso de darse esos estudios de ampliación.

No obstante, el uso de recursos virtuales en ámbitos de la enseñanza y el aprendizaje es un hecho ampliamente analizado, sirviendo como orientación los 6.440 resultados obtenidos en la búsqueda de la palabra "wiki", solamente en la Web de la Universidad de Murcia.

1.4.2.1 Virtualización del Conocimiento

La "Virtualización del Conocimiento" sería el primer aspecto a referenciar, dado el objetivo de presentación y difusión de **TesisALP** como Tesis Doctoral Virtual, constatándose que, hasta donde se conoce, **no existen** antecedentes y/o referencias sobre publicación de Tesis Doctorales Virtuales en formato Wiki, en Web 2.0, tanto en **contenido** como en **forma** y **método**.

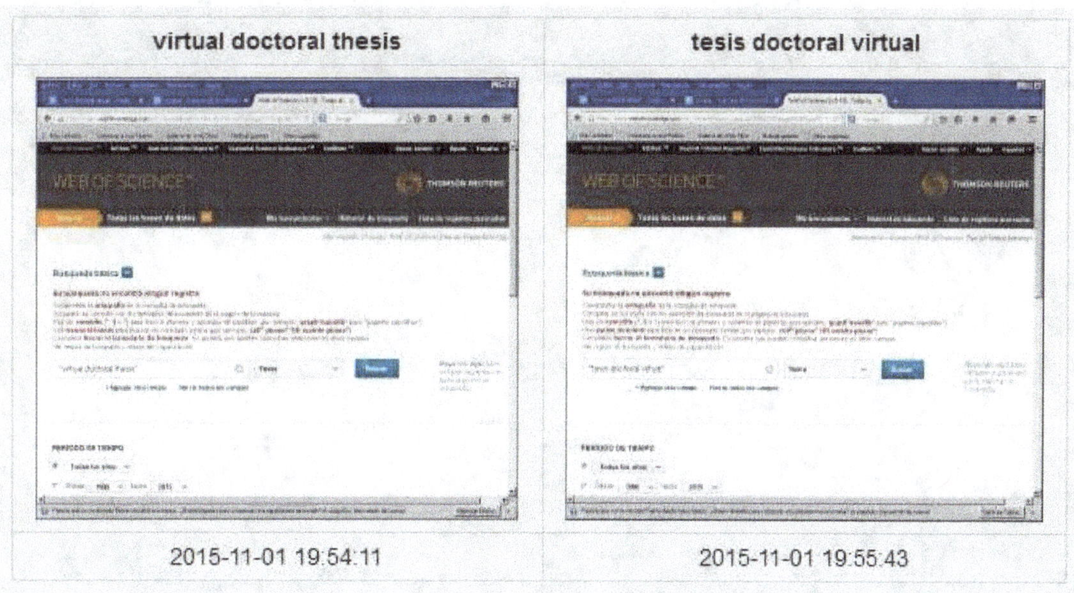

Además de lo comentado anteriormente, sobre búsqueda del término "Wiki", y en una relación con los medios digitales de expresión, existe una referencia −Lamarca (2006)− a Tesis Doctoral titulada *"Hipertexto: El nuevo concepto de documento en la cultura de la imagen"* en la que se aborda, en formato hipertexto, los aspectos propios del hipertexto, su estructuración y operación.

Otras publicaciones, como *"Trabajo Colaborativo en la Web: Entorno Virtual de Autogestión para Docentes"* —Guiza Ezkauriatza (2011)— o *"Ambientes Virtuales de Aprendizaje 3D"* —Carreño y Lozano (2014)—, por citar solamente dos, uno por sus características de "colaboración" y "cooperación", aspecto vinculado con la idea de Co^3, y otro por los Ambientes Virtuales, vinculado con el siguiente apartado, forman parte de los miles que se pueden encontrar en búsquedas en la Red, todos ellos, hasta donde se ha investigado, en formato PDF y con una gran dominancia de referencias latinoamericanas.

1.4.2.2   Virtualización del Entorno

La "Virtualización del Entorno Geográfico" es una tendencia existente desde la incorporación de los recursos digitales, especialmente la topografía digital, habiendo adquirido un desarrollo muy elevado ante la introducción de otros sensores, ópticos, multiespectrales, láser, permitiendo la digitalización de esos entornos de modo completo, en todos sus aspectos, en una evolución de la tecnología de la detección remota, propia de las astronaves, a una teledetección próxima.

La integración de distintos elementos, basados en las denominadas en esta tesis como "esferofotos", "esferoimágenes", obtenidas por medios terrestre y aéreos, con el uso de RPAS —Remotely Piloted Aircraft System— Lopez-Palacios (2014a), permiten una construcción de un "Espacio Geográfico" que trata de ser orientada a la definición de **modelos** en los que poder desarrollar **simulaciones** que puedan servir como base de conocimiento y toma de decisiones al personal investigador.

Estas propuestas son desarrolladas en el Capítulo Virtual Simulator en una similitud con otros desarrollos, como International Space Station Panoramic Tour o 'Greeley Panorama' from Opportunity's Fifth Martian Winter (False Color).

360° Imagen copyright NASA/JPL-Caltech/Cornell/Arizona State Univ.
Acceda a WiPg desarrollada por el doctorando pulsando sobre la imagen.

1.4.3   Otros aspectos

Sobre **otros aspectos** tratados y propuestos en **TesisALP**, específicamente sobre la denominada **coordenada** "W" —WiPc— en sistema Pentadimensional de Coordenadas —PdS—, ambos tratados en el Capítulo Base de Datos de Conocimiento Geográfico, **no existen** referencias constatadas.

1.5   Método y Fuentes

1.5.1   Método

El **Método** fundamental y dominante en **TesisALP** es el **experimental** y **práctico**, basándose mayoritariamente este método en **experiencias** propias del doctorando recolectadas a lo largo de una ya casi extensa vida, con **diversas** ocupaciones y actividades pero, finalmente, todas ellas interrelacionadas, **desembocando** en el concepto aglutinador de "Gestión Integral de la Información Geográfica Digital".

Un concepto y método que se considera propio de esta "Nueva Realidad" en la que el doctorando, como "Nuevo Observador", dotado de los medios y recursos más avanzados de la época, junto con una capacidad investigadora e innovadora orientada a la aplicación de esos medios y recursos, en una **percepción de Geografía práctica y aplicada**, llega a entrever un posible futuro en el que la "Inteligencia del Territorio", en esa concepción de la "Gestión Integral de la Información Geográfica Digital", pueda llegar a ser la Geografía del Siglo XXI, si no lo es ya.

1.5.2   Fuentes

La Fuentes de Información **mayoritariamente** usadas en el desarrollo de las investigaciones y edición de esta Tesis Doctoral Virtual, son las que se encuentran en línea, en la Red Internet, con **acceso** directo a formatos HTML, interactivos en general, **no** usándose, salvo casos muy excepcionales, **documentos** PDF que, aún accesibles por estas vías, resultan, **finalmente**, no interactivos, **no hipertexto**.

La opción del uso de estas fuentes viene dada por distintas **circunstancias**, circunstancias propias de cualquier persona que **no** se encuentre integrada en las **estructuras** académicas de ningún modo, incluida beca doctoral o similar, y **sujeta** a otras obligaciones que dificultan sobremanera el accesos a recursos bibliográficos y/o de consulta.

Estas circunstancias, perfectamente **asociables** a cualquier doctorando, en vez de ser una **cortapisa**, un hándicap, se pueden ver desde un **óptica** favorecedora, al cobrar cada vez más relevancia la **evaluación** de las capacidades de búsqueda de información y contenidos en Internet, unas habilidades y capacidades que, ante el **hecho real** de su uso y dominio en las nuevas generaciones, ya en los modos **habituales** de trabajos generales, han de ser **potenciadas**, conducidas y optimizadas, prestando más **atención** a su calidad y su evaluación —Pinto-Molina (2004)— que a **su** uso o **no** uso.

1.5.2.1   Wikipedia

Aún cuando la propia Wikipedia se define como *"❂ fuente secundaria de ❂ conocimiento"* en su ❂ relación con los ❂ artículos científicos, destacando que *"no acepta publicar ❂ artículos originales"*, es la **fuente** principal en que se basa esta Tesis Doctoral, atendiendo a varias características de este recurso.

- En primer lugar, no se debe obviar que es la **primera fuente de información** a que acceden lo@s nuevo@s observadore@s, la fuente **principal** en que se basa el conocimiento en esta "Nueva Realidad", con unas **características** que la llevan a ser considerada **merecedora** del ❂ Premio Princesa de Asturias de Cooperación Internacional 2015

- Ciertamente, como toda fuente de información, ha de ser **ponderada**, evaluada y empleada en su **justa medida**, resultando, como bien se determina en ❂ ¿Deben los estudiantes usar Wikipedia? —Educación Virtual (2014)—, *"un buen **punto de partida** para cualquier investigación, ya que rápidamente se puede tener un pantallazo general de lo que se busca, pero no debería ser más que eso, un **útil** punto de partida desde donde poder iniciar una investigación más profunda por medio de **otros** recursos mejor fundados."*

- Especialmente la parte que puede ser más **importante**, la de referencias y enlaces externos, **situada** en la parte inferior de las páginas, casi lo primero a observar —lo que da una **imagen** de "calidad"— como en ❂ Universidad de Murcia o ❂ Murcia, como Ciudad, sitio al que **acudirán**, en primer lugar, los hablantes de los, por encima, **80 idiomas** en que se encuentra la entrada, amplia, densa, probablemente **insuperable** por cualquier recurso administrativo en la actualidad.

Dada la **singularidad** de este recurso, desde la **perspectiva** de su uso real como **fuente** en que basar trabajos académicos, y **a pesar de** que *"dentro de los ámbitos universitarios, el uso de Wikipedia **no está bien visto**, ni menos la citación directa de alguno de sus artículos"*, se han tomado una serie de **notas** que, aún no estando previsto, incluso con una gran **lucha** por no activarlo, ante la complejidad que se intuye pueda generar, finalmente han dado **lugar** a un apartado, ❂ Herramientas — Enciclopedia, en el que recoger **experiencias** adquiridas, y sugerencias, en el desarrollo de esta Tesis Doctoral.

1.5.2.2   Diccionario R.A.E.

Se ha procurado el acceso al ❂ Diccionario de la ❂ Real Academia Española como **fuente** básica en el que **concretar** conceptos, términos que definen aspectos relevantes, dada su validez fundamental como **norma** lingüística e interpretativa del idioma Español, así como su concreción y sencillez.

1.5.2.3   Medios y Social Media

Se usan de modo **habitual** referencias de ❂ prensa digital, generalmente de secciones, **revistas** especializadas, que se publican en el diario usualmente leído por el doctorando, ❂ El País, sin hacer distinción de qué revista se trata, aunque se indicará en lo posible.

A este respecto, se ha de destacar la estructuración de esta prensa en formatos hipermedia, con una gran capacidad de consulta y validación de la información aportada por periodistas, comunicadore@s, divulgadore@s formado@s en estos recursos, lo que la dota de un valor de conocimiento muy relevante. Ver Geografía Cultural − Periodismo Digital.

Así mismo, se obtienen **referencias** en la página personal del doctorando en Facebook, lo cual vincula con **otras fuentes en red**, unas fuentes de información **propias** de la "Nueva Realidad" en que esta tesis se desenrolla, y a las cuales no solo **no se renuncia**, sino que se usan y **potencian** como base del conocimiento que, en la actualidad, **más forman** a lo@s Nuevo@s Observadore@s, personas que discurren **muchas** horas al día en ese "mundo", en el que, prácticamente, viven, en el "Espacio Socio-Digital Space", espacio que se ha convertido en **fuente** casi única de información en esta fase final de **TesisALP**.

Por otro lado, fuentes, recursos de la "Nueva Realidad" que todo@ explorado@r debe conocer, **explorar** e "investigar" per se, "surcar".

1.6   Geógrafo Práctico vs Geógrafo Teórico

Como colofón a los apartados anteriores, especialmente "Estado del Arte y la Ciencia" y "Métodos y Fuentes", así como a A modo de breve Introducción, una pequeña "disquisición" sobre unos **conceptos** tan **actuales** como **antiguos**, y como **simple** nota de vínculo **ante** posibles estudios y análisis **derivados**, haciendo **referencia** al Geógrafo D. Emilio Huguet del Villar (1871-1951) −ver Wikipedia y Geo Crítica entre otras referencias−, el cual, en su **prólogo** a la publicación "Compendio de Geografía Universal" −?−, escribe, entre **otras** interesantes reflexiones:

*"Un hombre posee una ciencia cuando sabe **ver** los fenómenos que a ella afectan, y **comprender** las relaciones que los ligan.*

Sobre cuáles sean en la Geografía estos fenómenos y estas relaciones, se ha discutido y se sigue discutiendo mucho en el terreno teórico. A veces se ha circunscrito el concepto de Geografía a la construcción de mapas, y hoy hay geógrafos que niegan a la Cartografía un lugar en el verdadero dominio geográfico. Unos geógrafos han querido excluir de la Geografía el elemento humano; otros han opuesto una "Geografía humana" a una "Geografía física"; y otros sostienen que sólo cuando interviene el elemento humano se llega a la geografía "propiamente dicha".

*Es mucho menos la divergencia de criterio cuando los geógrafos **hacen** geografía que cuando pretenden definir qué es lo que hacen. De aquí que el mejor camino de llegar a un concepto satisfactorio de la Geografía sea estudiar, no las teorías, sino las obras, directamente, de los geógrafos."*

Nota: se usa texto **ennegrecido** para el que, en el **original**, figura como **cursiva**.

Un texto escrito en **1917**, hace, prácticamente, **un siglo**, fecha de firma del prólogo, en la que su autor **cuenta** con 46 años de edad y **refleja** el pensamiento del **último tercio del S. XIX**, resultando una reflexión de **casi** obligado conocimiento para un **Geógrafo**, seguramente, de **cualquier** siglo, de cualquier momento y, parece, siempre de actualidad.

Y en esta idea de **hacer** Geografía y que, si alguna persona decide **estudiar** esta obra, **TesisALP**, pueda **obtener** *"un concepto satisfactorio de la Geografía"* como se puede **entender** en los **albores** de S. XXI e **intuir** lo que, de forma lógica, el **proceso evolutivo** del conocimiento y la ciencia **determinará** para la **Geografía** del futuro, se **circunscribe** esta Tesis Doctoral Virtual, esta **publicación**, que podría **asumir** el final del **prólogo** que se comenta, con **resaltes** propios:

*"Una prueba de **aprovechamiento** de curso que el alumno pude hacer **sobre** este mismo libro, **consiste** en que llegue a **leer** en sus **mapas** cosas que **no** están escritas en los párrafos del **texto**, y que llegue a **leer** en la **fotografía** cosas que **no** dicen **ni** el texto **ni** los mapas.*

*Si esto **logra**, es que ha **dado** con fruto su **ojeada**.*

*En tal **caso**, con la **clara idea** de lo que **es** la Geografía, habrá **adquirido** la **conciencia** del **vacío** que en su cerebro le **queda** por **llenar**, y el **deseo** de aplicarse más adelante a **llenarlo."***

*Para **ésta**, como para las **demás** ciencias, el término de la carrera **no** debe ser el fin del estudio, **sino** el principio. **El que** al concluir la carrera **no se pone** a estudiar, **será siempre** un incompetente en su profesión."*

Compendio de Geografía Universal - Prólogo

2   Capítulos

Los **Capítulos** son entendidos como una "junta", un **lugar**, al estilo de las ☁ Salas capitulares, en el que desarrollar, exponer, debatir sobre un **tema** específico, entendiendo que estos "capítulos" están interconectados entre sí, **interactuando** unos con otros, conformando, finalmente, **un todo**, una unidad, esta Tesis Doctoral Virtual, **TesisALP**

Los ⊛ Capítulos, entendidos como posibles **foros especializados** en que debatir, **tratar** temas concretos e interrelacionados, en una **visión global** de aspectos relacionados con la **Geografía** y las **Ciencias de la Tierra y el Espacio**, un lugar como la ☁ High Council Chamber - The Jedi Council, donde se reúnen los "sabios", los personajes de gran **sabiduría**, los ☁ Jedi.

Estos Capítulos, **no numerados**, son expuestos en un orden secuencial de acuerdo a una posible **lógica de acceso al conocimiento** que tratan de exponer, aún cuando pueden ser consultados de modo aleatorio, **según** el "foro" de interés, dada su conformación como **elementos independientes**.

A modo de índice específico, y en sustitución del **menú lateral izquierdo** existente en la ⊛ versión electrónica, tanto en línea como en el CD/DVD que acompaña esta publicación, se indican los siguientes Capítulos:

2.1 Singularidades

No cabe duda de que esta Tesis Doctoral, que trata de presentarse en formato Virtual, o que esta Wiki Web 2.0, intrínsecamente Virtual, sea reconocida como Tesis Doctoral, constituye una *"distinción o separación de lo común"*, una singularidad.

Por ello, ha parecido aconsejable iniciar su parte central, los Capítulos, con este, **"Singularidades"**, orientado a concretar alguna de esas singularidades, disipar dudas, proponer soluciones, alternativas, que permitan que, finalmente, **TesisALP**, en un ejercicio de convivencia entre lo analógico y lo digital, pueda ser considerada como Tesis Doctoral Virtual.

2.1.1 Virtualidad

Una de las **novedades** que supone esta Tesis Doctoral es su composición y presentación en forma **Virtual**, conformando una Wiki, una Web 2.0.

Finalmente, y empleando una descripción un tanto coloquial, una "dirección" en Internet en la que se accede a unas páginas Web, con iconos, enlaces, imágenes, vídeos. A una Tesis Doctoral escrita en **lenguaje digital**, siendo éste, según Derrick de Kerckhove −Wikipedia (2014)−, en su publicación *"La piel de la cultura: investigando la nueva realidad electrónica"* −de Kerckhove (1999), *"la **tercera** etapa de la **comunicación** perteneciente a la cibercultura que nos **permite** crear una **sociedad interconectada** con un gran impacto en la industria cultural y artística"*, también en la **académica**.

Realmente, **TesisALP** se debe entender, así lo es, como "un **programa** informático" que, una vez compilado, **ejecutado**, genera una salida en **pantalla** de unos datos, unos **valores** en forma de texto, gráficos, líneas,... **estructurados** del modo que su autor, su programador, su administrador, considera más adecuados **para** su comprensión por parte de cualquier persona.

Una **herramienta** acorde a las capacidades de que se dispone en este inicio del Siglo XXI, con la que el doctorando expone sus estudios e investigaciones en ese **lenguaje digital**.

Por otro lado, la incorporación del **concepto** "virtualidad", **propio** de esta nueva cultura desarrollada en el **ciberespacio**, un *"espacio-sistema relacional"*, en el que **lo virtual**, **lejos** de apuntar *"hacia la apariencia, a lo fantasmal, al espejismo de realidad"*, **supone** *"la construcción, deliberada y consciente, de un nuevo espacio en el que desarrollarnos como humanos"*− Aguirre Romero (2003).

Así, como detalla el Dr. Don Joaquín Mª Aguirre Romero en su publicación *"Ciberespacio y comunicación: nuevas formas de vertebración social en el siglo XXI"* citado anteriormente, *"la base de este **espacio virtual y relacional**, punto de **encuentro**, lugar de **convivencia**, es la **comunicación**, el intercambio de **información**"*. De **conocimiento**, como pretende **TesisALP**.

Pero este concepto de Virtualización **no solo** se refiere a su redacción y presentación, **sino** que aborda, es su objetivo inicial, la **Virtualización del Entorno**, la generación de **Espacios Geográficos Virtuales**, aspecto que se aborda en el Capítulo Virtual Simulator, una orientación geográfica hacia los **Simuladores Virtuales** y la **Realidad Aumentada informacional**, hacia *"lo **virtual**, lo **creado**"*, **junto** con *"lo **real**, lo **dado**"*.

Una propuesta **novedosa** que **genera** una serie de "problemas" de **compatibilidad**, soportes y formatos, más cuando se pretende que "algo" digital, diseñado y creado para su explotación en **pantalla interactiva**, pulsando sobre enlaces, ejecutando ordenes, como de carga de un vídeo, viendo y oyendo ese vídeo, **accediendo** a esa información que se encardina con la exposición general, se "traslade" a un formato analógico, un **libro impreso**, resulta una labor compleja, resultando prácticamente **incompatibles**, al menos con las capacidades tecnológicas actualmente accesibles por el doctorando, aunque se investiga en ello.

El formato hipermedia —consultar *Hipertexto: El nuevo concepto de documento en la cultura de la imagen* —Lamarca (2006)—, en el que se redacta **TesisALP**, se fundamenta en los denominados como **hipervínculos**, la base que sustenta la Comunicación Visual, en la que *"un mensaje **visual** tiene un mayor **poder** para **informar** o persuadir a una persona o audiencia."*

Estos **enlaces**, estos vínculos con la **fuente** de información, el origen de datos, ampliación u otras razones, son el **elemento esencial** en una publicación Web, manteniendo casi toda su funcionalidad en las electrónicas tipo PDF pero, evidentemente, **no** son activos sobre papel. Al menos por ahora.

> Un **hipervínculo** (también llamado **enlace**, **vínculo**, o **hiperenlace**) es un elemento de un documento electrónico que hace referencia a otro recurso, como por ejemplo otro documento o un punto específico del mismo o de otro documento. Combinado con una red de datos y un protocolo de acceso, un hipervínculo permite acceder al recurso referenciado en diferentes formas, como *visitarlo* con un agente de navegación, mostrarlo como parte del documento referenciador o guardarlo localmente.
>
> Los hipervínculos son parte fundamental de la arquitectura de la World Wide Web, pero el concepto no se limita al HTML o a la Web. Casi cualquier medio electrónico puede emplear alguna forma de hiperenlace.

Fuente: https://es.wikipedia.org/wiki/Hiperenlace

Como conclusión, que no como cierre de un debate abierto y con cada vez más presencia en los ámbitos de estudio, sobre todo en la práctica diaria, se ha de considerar que *"lo virtual, en un sentido estricto, tiene poca afinidad con lo falso, lo ilusorio o lo imaginario"*, ya que *"lo virtual no es, en modo alguno, lo opuesto a lo real, sino una forma de ser fecunda y potente que favorece los procesos de creación, abre horizontes, cava pozos llenos de sentido bajo la superficialidad de la presencia física inmediata"*, según afirma el filósofo Pierre Lévy en *Qu'est-ce que le virtuel?* — Lévy (1995).

2.1.2 Formato Dual

Ante un hecho disruptivo entre lo **analógico**, lo estándar y habitual, lo mecanografiado e impreso, y lo **digital**, lo virtual, en red, en Internet, lo "informático", se ha de procurar que este hecho no devenga en un efecto traumático, sino en un efecto enriquecedor y de progreso y avance, un hecho que *"abra horizontes, cave pozos llenos de sentido bajo la superficialidad de la presencia física inmediata"*.

Así, entendiendo como la principal singularidad de esta Tesis Doctoral Virtual su estructuración, su **diseño**, redacción, maquetado si se entiende así, para su edición como un recurso **on-line**, en línea, implementado en servidores y accesible en Internet, con unas características propias de un formato **hipermedia**, conformando una Web 2.0, una Wiki, se ha de arbitrar un recurso, una **edición analógica**, de acuerdo a la normativa imperante para el registro, presentación y defensa de toda Tesis Doctoral.

Esta "singularidad", sin ser el objetivo que se persigue, acaba convirtiéndose, casi, en elemento central, cuando se trata de **compaginar** un formato **digital**, en Web, con un documento **analógico**, una publicación en formato libro, como se señala en Versiones.

El tratar de exponer en documento **escrito** lo que se **ve** en un terminal computacional, en una **pantalla**, puede ser una labor altamente **compleja**, desde diversas perspectivas: descriptiva, de usabilidad, finalidad, originalidad y exposición de lo investigado...

Finalmente, se presenta **este documento**, este "libro", acorde a las normas y pautas establecidas, como Tesis Doctoral, junto a **copia digital** de la misma en CD 1 de 2, acompañado de un segundo CD, CD 2 de 2, que contiene una **instalación local** del Sito Web **TesisALP**, en una estructuración que se detalla en Estructura de Depósito, página 76.

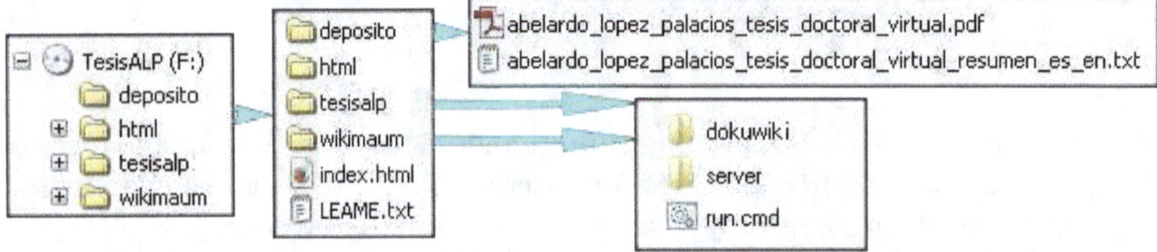

Estructura CD 2 de 2. Consulte Lectura fuera de línea, página 87

Pero este libro, esta edición analógica, se basa, a su vez en un **documento digital**, redactado en LaTeX, que genera un archivo PDF dotado de **capacidades hipertexto**, ya que no se comprende la inexistencia de este recurso, de esta capacidad, que permite una más amplia comprensión y estudio de cualquier documento por lo que, finalmente, este **libro también** dispone de una **edición dual**, la destinada a su **lectura en biblioteca**, en libro, y su **lectura en soporte computacional**, un PDF hipertexto.

Existe el riesgo, la **certeza**, de que queden elementos, datos, apartados, **no presentes** en esta edición libro, pero es una circunstancia que se considera **inevitable**, salvo recurrir a un "volcado" íntegro a papel de un Sitio Web, hecho cuasi imposible, que se ha descartado y razona en diversos apartados, siendo la fundamental razón que se **desvirtuaría** su esencia misma.

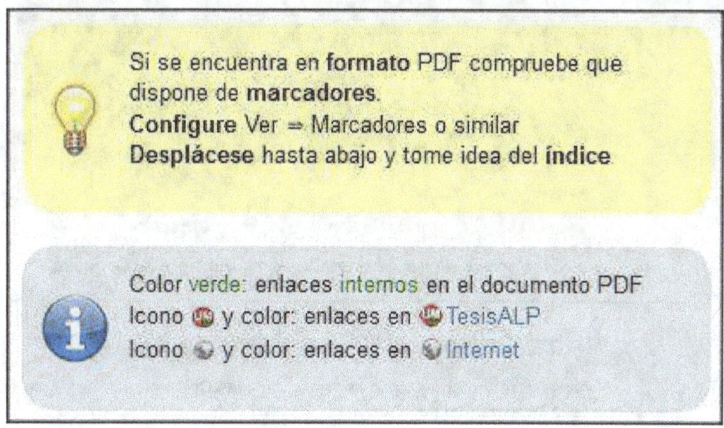

Es posible que esta estructura, esta presentación de una Tesis Doctoral que pretende ser considerada como Virtual, y como se ha señalado anteriormente, suponga un **hecho disruptivo**, algo no establecido en las normas y hábitos académicos.

Pero, hasta qué punto un **soporte cerrado**, un libro y dos CD/DVD, como soporte "estable" y **"estático"** de registro de Tesis Doctoral Virtual, puede ser considerada una forma de presentación de trabajos académicos **escritos** en lenguaje digital, en **código** de programación, **sin pérdida de su esencia**, su capacidad de transmitir la investigación y el conocimiento de otra manera, acorde a los tiempos y tecnologías que son cotidianas, demandadas por la sociedad, muestra de saber y capacidad de comunicación en la "Nueva Realidad" en que se desenvuelve el "Nuevo Observador".

Quizás, en un futuro, algo similar al CD 2 de 2, en la biblioteca o lugar de consulta, pueda estar **instalado** en una computadora para una **lectura simultánea**, libro **más** CD/DVD, entendiendo que los CD/DVD "no son solo el PDF y resumen", ya que **no solo esto** es el trabajo académico, esta Tesis Doctoral Virtual.

Un método, una **propuesta** que, quizás, pueda dar lugar a una normativa, un procedimiento, un **modelo** en el que basarse, que permita la redacción de trabajos académicos en lenguaje digital, en una asimilación con las "Tesis Doctorales como Compendio de Publicaciones", tesis cuyo **núcleo** son esas publicaciones, esos "recursos externos", al igual que en esta Tesis Doctoral Virtual, cuyo **núcleo**, en formato Web 2.0, en una Wiki, **se encuentra en TesisALP**.

2.1.3   Soporte Físico

Como se observa en la imagen de la página anterior, se **registra** como Tesis Doctoral un **volumen**, de acuerdo a las normas establecidas, **acompañado** de un CD/DVD, CD 1 de 2, que contiene este volumen en formato PDF hipertexto y el resumen en formato texto plano, junto con un segundo CD, **CD 2 de 2**, que **soporta**, en instalación local, el que se denomina como "EcoSistema Digital de Investigación y Difusión del Conocimiento" **compuesto** por **WikiM**, como SaaS que **sustenta TesisALP**, como se indica en imagen siguiente, **ambos** desarrollados íntegramente en el marco de esta Tesis Doctoral Virtual.

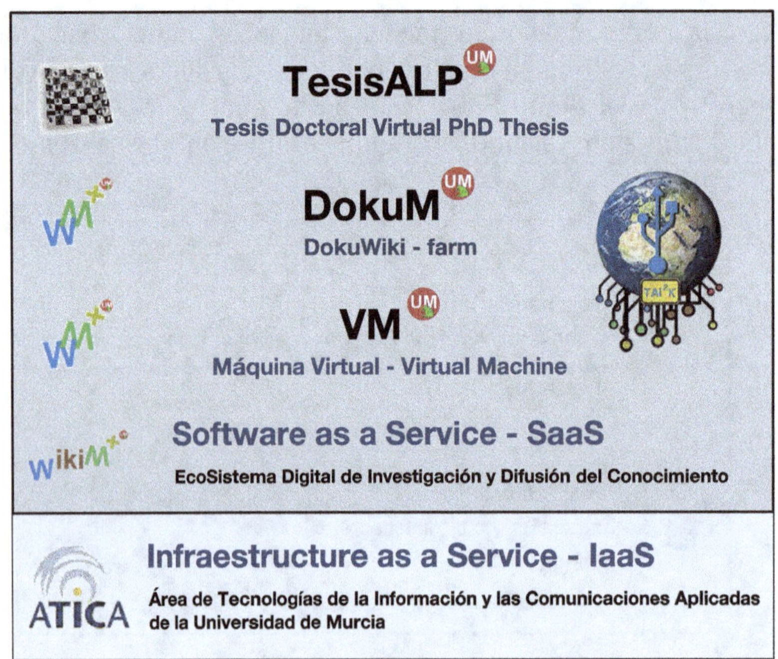

Estructura Computacional en página 75

2.1.4 Normativa Web

Aún cuando este apartado, los capítulos que lo integran, Traslación, Créditos, Aviso Legal, Contacto, ToDo, incluso Registro de Cambios, son expuestos en menú electrónico, epígrafe Información, se destaca la necesidad de su existencia, unos por "imperativo legal", otros por "principios de buen uso", "Netiquette", el *conjunto de normas de comportamiento general en Internet*.

Desde una óptica de **legalidad**, destacan dos aspectos fundamentales:

- La necesidad de la adaptación de una Web, de todas las Web en el Espacio Europeo, a las leyes, LOPD —Ley Orgánica de Protección de Datos— y LSSICE —Ley de Servicios de la Sociedad de la Información y de Comercio Electrónico—, transcripciones y adaptaciones de **Directivas Europeas**

- La existencia de leyes y normativas que regulan la publicación de contenidos en Internet, fundamentalmente relacionadas con la **accesibilidad** por personas con discapacidades, especialmente para Sitios Web **institucionales**

Respecto al **primer** punto, sirven de orientación, como **simple introducción**, el artículo "Adaptación de una web a las leyes LOPD y LSSICE" y el curso "Introducción a la protección jurídica de los datos de carácter personal" ofertado en el Portal de MOOC de la UMU en la plataforma Miríada X.

Respecto al **segundo**, también como simple nota de **orientación**, Normas y estándares de publicación web, especialmente Accesibilidad del sitio web —Universidad de Granada (2015), donde acceder a información, enlaces y normativa relacionada con accesibilidad Web.

¿Debe cumplir estas normas una Web como esta, un trabajo académico expuesto en Internet, en una infraestructura institucional? ¿Quien es el responsable del cumplimiento con la LOPD, LSSI y normativa concerniente?

Preguntas que pueden crear cierta incertidumbre, abriendo una segunda orientación sobre la "Información Geográfica Digital", ¿cómo es contemplada en estas normativas reguladoras?

Son preguntas que un@ edito@r de contenidos Web se ha de hacer, y responder. Y sus Directore@s Academico@s, ya que *el desconocimiento de la ley no exime de su cumplimiento*, siendo la "Legalidad Formal" o "Formas Legales", una de las "Líneas de Investigación" como un posible **TAi2**κ en áreas de normativa y derecho.

Estas pautas, estas dudas, quizás razonables, se han tratado de responder en **TesisALP** con la inclusión de un Aviso Legal en el que, entre otros aspectos, se determina *"El responsable de mantenimiento de la cuenta"* así como se informa de la existencia de *"fichero en el Registro General de Protección de Datos [que] es el 2141040468"*.

Desde una óptica de **formalidad**, se incluyen una serie de páginas que el@ usuario@ espera encontrar en Sitio Web de, quizás, "cierta calidad", como Traslación, que viene a ofrecer un tipo de "convenciones tipográficas", o Créditos, donde reconocer distintas fuentes y reconocimientos, tratando de cumplir unas normas no escritas, pero que se consideran de buen gusto, de calidad.

2.1.5   Citas

En una publicación académica, las **citas** son consideradas como un elemento **fundamental** en su construcción, sirviendo de **referencia** entre la investigación, sus fuentes, su desarrollo y conclusiones, siendo un formato típico (Calvo García-Tornel, 1982) que **vincula** el razonamiento con una publicación del año 1982 del Profesor Calvo García-Tornel.

Para **analizar** esa vinculación, se ha de acudir al apartado de *"Referencias Bibliográficas"*, 45 páginas en la tesis doctoral que sirve de guía, donde se encuentra, por orden alfabético, *Calvo García-Tornel, F. (1982): El riesgo, un intento de valoración geográfica. Academia Alfonso X El Sabio. Murcia, 48 pp.*

Una publicación de difícil acceso, probablemente solo para personal académico y muy especializado. En un lugar, una biblioteca, un formato, unos **condicionantes** que hacen compleja su consulta por parte de cualquier lector.

Así, se "asume" la **bondad** de ese razonamiento, de esa referencia, salvo casos de examen altamente meticuloso de la obra, y se **continúa** con su lectura actuando, de modo general, de la misma manera con la mayoría de referencias.

En las publicaciones en **formato** hipermedia, esa "asunción" de la **bondad** de la referencia se determina de modo **inmediato**, pulsando sobre ese texto, resaltado en algún tipo de color, sobre el que cambia el formato del cursor, **obteniendo** una consulta inmediata.

Item más, permitiendo un **razonamiento propio** del lector, al acceder de modo inmediato y directo a las **fuentes**, los orígenes y referencias que permiten la construcción del argumento que sustenta esa exposición, posibilitando una **percepción propia** de lo@s usuario@s, al **no** existir un texto **único**, ya "elaborado", en el que **resumir**, textualmente, algo de esa **referencia**, quizás la parte que más interese al@ auto@r, y dejando de lado **otros** aspectos que, quizás, a un@ lecto@r le pueden resultar más **interesantes**, permitiendo, en definitiva, una **percepción tan** propia del@ lecto@r **como** del@ auto@r.

Pero esta opción es accesible en formatos **digitales**, PDF o Web, **sabiendo** el lecto@r digital que puede **acceder** a ella en cualquier momento, con los **dispositivos** —computadora, ordenador— **adecuados**. Por contra, el formato "libro" **exige**, de alguna manera, una "**confianza**" en que esa referencia, a la que, seguramente, no podría acceder de ningún modo, es **veraz** y adecuada.

2.1.6   Otras Singularidades

En la PARTE II, página 71, se incluyen otras singularidades, de modo especial:

- EcoSistema Digital de Investigación y Difusión del Conocimiento, página 73, donde se detalla este EsoSistema Digital

- Versiones, página 91, donde, bajo este título, se abordan "indice vs menús", Wikilibros y formatos

- @bout, página 105, recurso que se dispone para la ampliación de conceptos e ideas usados en esta tesis, quizás novedosas, y en una forma más amplia que las FAQ

2.1.7   Enciclopedismo

Un objetivo **no perseguido** en las fases de planeamiento de **TesisALP**, a modo de "beneficio colateral", es la posible **consideración** de esta Tesis, de esta publicación, como un tipo 🌐 enciclopédico, tanto en la **forma** como en el **fondo**.

En la **forma**, dado que se considera el formato **Wiki** como el más idóneo para 🌐 *"la creación de enciclopedias colectivas"*, las enciclopedias de esta **Nueva Realidad**, siendo el ejemplo paradigmático 🌐 Wikipedia, sobre la que se considera que *"ha logrado poner al alcance de todo el mundo el **conocimiento universal** en una línea similar a la que logró el **espíritu enciclopedista** del siglo XVIII"*, resultando por ello merecedora del 🌐 Premio Princesa de Asturias de Cooperación Internacional 2015.

En el **fondo**, al abordar, finalmente, una gran **variedad de temas**, ya no solamente geográficos, sino también epistemológicos, conceptuales, de métodos, procedimiento de exposición, formatos.

Incluso, desde la **perspectiva** más académica, su posible consideración de **superficialidad**, la falta de una **profundización** deseada, puede no dejar de ser una **percepción** aparente, siendo todos estos variados temas tratados como **reflejo** de una simple **parte** del conocimiento requerido para su exposición, al igual que el **método** enciclopedista, en el que prima el **objetivo** de *"ayudar a la población a tener un mejor conocimiento y razonamiento, uno de los **lemas** de el enciclopedismo"*.

Otras fases, otros proyectos, otras personas, podrán, a buen seguro, desarrollar y profundizar en aquellos aspectos que permitan ser abordados como trabajos académicos, incluso como Tesis Doctorales, como Trabajos Académicos innovadores e implementados en favor del Conocimiento, **TAi**$^2\kappa$.

2.2   Era de la Aeronáutica y el Espacio

La Era de la Aeronáutica y el Espacio, nacimiento datado con el **primer vuelo de la humanidad**, atribuido a los hermanos Wright, determina el inicio de una **Nueva Realidad** en la que se **desenvuelve** la vida del **Nuevo Observador**, **postulado** en Hipótesis y **desarrollado** según Tabla de Contenidos que puede observar en la imagen siguiente y consultar en el anterior enlace, como **enlace externo**, o en su dispositivo **local**, CD/DVD.

En una primera aproximación, bajo el epígrafe "Antecedentes", se documenta una somera introducción a la Historia de la aviación, **enlace genérico** que se aconseja consultar en varios idiomas, ya que cada uno de ellos se adapta a su entorno, su cultura, sus figuras personales, sus gestas.

Se destaca el hecho que supone el acceso, la conquista, del tercer elemento, el aire, entendido como la "atmósfera terrestre", el espacio aéreo, tras el dominio de los elementos tierra y agua, la mar como extensa vía de comunicaciones y consecuente progreso de la humanidad.

Este hecho, **el vuelo del hombre**, se considera en esta exposición como el **cambio más radical sufrido en la historia de la Humanidad**, dado su impacto socio-económico global y sus afecciones a la vida diaria de las personas en la actualidad, en un proceso continuo de progreso.

No es el estudio y análisis de esos impactos socio-económicos que ha supuesto y supone la aviación la finalidad perseguida en esta linea de investigación, quizás área de interés para otros estudios geográficos, aunque se puede consultar, de modo introductorio, la publicación "Efectos de la aviación", con datos extraídos de la publicación de ATAG *"Aviation benefits beyond borders"*, de marzo de 2012 y publicada por el Observatorio de la Sostenibilidad en Aviación (OBSA), una iniciativa de la empresa pública SENASA (Servicios y Estudios para la Navegación Aérea y la Seguridad Aeronáutica) dependiente del Ministerio de Fomento del Gobierno de España.

Es desde la perspectiva del **conocimiento** como se aborda el progreso, los avances que suponen determinados **hitos** aeronáuticos y aeroespaciales que, **combinados** con otro avance casi coetáneo, la **fotografía**, producen unos resultados no imaginados en el **estudio y conocimiento de la Tierra**, con repercusiones socio-económicas vivas, en una forma de "Serendipia sobre los resultados" —Lopez-Palacios (2014b)— que **conforman** esta "Nueva Realidad" en que se **desenvuelve** el "Nuevo Observador".

Para ello, se hace un estudio cronológico de los hitos más relevantes,

- **primer vuelo** de los hermanos Wright, el 17 de diciembre del año 1903 EC − 1903-12-17 10:35 am − 5664 del Calendario Hebreo, lo que aporta una **perspectiva temporal** más amplia, desde el momento en que se realizan las primeras mediciones del tiempo, y se mantienen, suponiendo un largo periodo **hasta** conseguir ese sueño, volar como los pájaros, las aves

- iniciado el Programa Sputnik, es el Sputnik 1 el **primer satélite artificial de la historia** situado en órbita al rededor de la Tierra y que marca el inicio de la Era Espacial. Fue lanzado el día 1957-10-04 de la EC, 53 años 9 meses 13 días de la EAE.

- la **Constelación NAVSAT** −Navy Navigation Satellite System− precursora de NAVSTAR −Navigation Signal Timing and Ranging Global Positioning System− **GPS**, que se inicia el año 57 de la EAE −1960 EC− y ya conforma una constelación de satélites, una formación, un **"enjambre"** desarrollado con el **objetivo** de situar de forma precisa la ubicación de plataformas navales **lanzadoras** de astronaves balísticas

- el "Advanced Research Projects Agency Network" (**ARPANET**) −año 66 de la EAE − 1969 EC− generadora del Protocolo TCP/IP, **base** de la actual Internet, iniciado su desarrollo como sistema de **control** de astronaves balísticas

Estos avances, **junto con la imagen**, en un desarrollo paralelo, casi coincidente en su origen temporal −en 1888 EC se produce el lanzamiento de la cámara Kodak por George Eastman− pondrá de manifiesto, de modo muy precoz, la **conveniencia**, la rentabilidad, no solo en aspectos crematísticos, de su uso y aplicación en muy diversos **campos de estudio** de la Tierra, marcando un momento clave la obtención de la denominada "**Blue Marble**"[2], la "Canica Azul", el 7 de diciembre de 1972 EC −68 años, 11 meses y 10 días de la EAE− por la **tripulación** de la astronave Apolo 17 a una distancia de unos 45.000 kilómetros de la Tierra, especulándose, según investigaciones de Mike Gentry, archivero de la NASA, con que es la imagen **más distribuida** en la historia de la humanidad, y teniendo en cuenta que se trata de la "fotografía", en el sentido de **carrete** foto-químico, obtenida por un ser humano **desde la posición**, el "punto de

La Tierra vista por el Apollo 17

vista", a mayor distancia de la Tierra alcanzado, con la que se obtiene una visión completa de su hábitat, el planeta Tierra.

Las siguientes "Blue Marble" −la NASA ha ido publicando diferentes "versiones", la última el 21 de julio de 2015− son obtenidas por **sistemas no tripulados**, astronaves robóticas, al igual que una serie de **proyectos** que marcan el devenir del conocimiento de la Tierra, de los cuales se referencian, por su alto significado en esa finalidad, en el **área de interés** de estudio de las Ciencias de la Tierra, en las imágenes, en los **sensores** multibanda, radáricos y aquellos destinados a la obtención de los datos que permitan la **determinación** de una variable de interés, el programa **Landsat** y el programa **Copernicus**, destinados a la mejora de la **calidad** de vida y **seguridad** de sus habitantes.

Los **desarrollos culturales** influidos por estos acontecimientos, por la **existencia** de estos recursos, conforman esta "Nueva Realidad", una realidad que esta en el **umbral** de realizar **una puesta en órbita al día**, el lanzamiento de **una astronave diariamente**, desde los distintos astropuertos distribuidos por la Tierra.

Estos aspectos y relacionados son analizados en el Capítulo Era de la Aeronáutica y el Espacio que puede consultar en el anterior enlace, como **enlace externo**, o en su dispositivo **local**, CD/DVD.

---

[2]Imagen: "The Earth seen from Apollo 17" by NASA/Apollo 17 crew; taken by either Harrison Schmitt or Ron Evans

2.3   Herramientas

Una introducción a las herramientas que se consideran fundamentadas en el tratamiento de la Información Geográfica Digital —IGD—, en una concepción de Gestión Integral de la misma, son **expuestas** en el Capítulo ⓤ Herramientas, como **enlace externo**, o en su dispositivo **local**, CD/DVD, permitiéndole la siguiente imagen y resumen disponer de una orientación de su contenido.

capítulos:tools:tools

Herramientas

Consulte la Tabla de Contenidos ⇒

Imagen y referencia:

E Un dibujo de Humboldt de hace 200 años prueba el cambio climático
E Miguel Ángel Criado 14 SEP 2015 - 21:02 CEST
ⓦ Naia Morueta-Holme

Tabla de Contenidos

GeoEtiquetas	Etiquetas
ⓖ GEOTAG: , 37.98247084000º,-1.12713933000º, 50.000m	⬙ herramientas, wikedit, wikipedia, enciclopedia, wikipedista

Redes Sociales - Dos cliks ⇒ 1º activa ⇒ 2º marca - ⓦ Social Share Privacy

⬭ 🐦 Tweet   ⬭ 🅵 Like   ⬭ 🆇 +1   i ⚙

Argumentario

La palabra herramienta, en el sentido de "útil de trabajo, necesario o requerido para el desarrollo de una actividad o parte de ella", no es recogida por la R.A.E. que solo ⓐ contempla

1. . f. Instrumento, por lo común de hierro o acero, con que trabajan los artesanos
2. . f. Conjunto de estos instrumentos

junto con otras acepciones no vinculadas con esta exposición.

En �w Wikipedia, sobre el término �w herramienta, se tiene: *"En la actualidad la palabra herramienta abarca una amplia gama de conceptos y diferentes actividades (desde las herramientas manuales hasta las informáticas), pero siempre bajo la idea de que el término herramienta se usa para facilitar la realización de una actividad cualquiera."*

Las **herramientas** de toda índole han marcado las pautas de la **evolución** humana, siendo las captativas, analíticas y expositivas fundamentales en los estudios y el Conocimiento Geográfico.

Históricamente, las herramientas de que ha dispuesto y dispone un@ Goegrafo@ han sido y son las habituales de su época, generalmente las más avanzadas, ya que se trata de investigaciones, exploraciones, estudios de interés con aplicación en diferentes ámbitos —comerciales, empresariales, estratégicos, políticos, ... — que potencian esos estudios e investigaciones, o las que crea, idea, inventa él mismo para conseguir sus objetivos.

En esta exposición, se consideran tres grupos de herramientas que permiten la Gestión Integral de la Información Geográfica Digital: las captativas, las analíticas y las expositivas, en una similitud con el Trivium, compuesto por gramática, dialéctica y retórica.

- gramática (lingua — "la lengua") como búsqueda de las palabras y su vinculación, la captación de la IGD, el **input**

- dialéctica (ratio — "la razón") como sistemas y procesos de análisis, de **racionalización**, de la IGD

- retórica (tropus — "las figuras") como forma de exposición y divulgación de la IGD, el **output**

Herramienta captativa

Aquella que permite obtener, percibir por medio de los sentidos o de la inteligencia, de dispositivos que detectan una determinada acción externa y la transmiten adecuadamente, generar, tratar y almacenar IGD.

Entre estas herramientas captativas se destacan y esbozan la Información Geográfica Digital, la Estadística, los RPAS y las Astronaves.

Herramienta analítica

Las herramientas analíticas, aquellas que permiten un análisis, un *"estudio, mediante técnicas informáticas, de los límites, características y posibles soluciones de un problema al que se aplica un tratamiento por ordenador"*, devienen como un elemento fundamental, a partir de los años 80 del Siglo XX, en la gestión de la IGD como base del Conocimiento Geográfico.

Destaca sobremanera la herramienta GIS —Geographyc Information System—, "Sistema de Información Geográfica" o SIG, que junto con otros recursos, entre ellos WMS— WFS, permiten hablar de "Geographic Information Science" o "Geographical Information Science" — GIScience.

Herramienta expositiva

Una herramienta que siempre ha necesitado la Geografía ha sido la que se podría denominar como "expositiva", que "declara o interpreta" cómo, de qué manera se puede **transmitir** el conocimiento, cómo "graficar" la "geo".

En esta "Nueva Realidad", en la que dominan los medios digitales, en Red, se imponen los medios de transmisión del conocimiento propios del Entorno Digital Environment, en un proceso de "Virtualización del Conocimiento", basado en sistemas y dispositivos digitales y difusión en ese EDE.

Transmisión y difusión basadas en unas capacidades que permiten al "Nuevo Observador" leer y escribir en lenguaje digital, expresarse de acuerdo a sus habilidades digitales, su Nivel de Alf@betización Digital.

2.4   Ergonomía de la Información

La Ergonomía se suele asociar, de modo general, con *"la disciplina que se encarga del diseño de lugares de trabajo, herramientas y tareas"* existiendo otras acepciones, como la Ergonomía Cognitiva y otras orientaciones, en entornos digitales, Web y, especialmente, en la representación y transmisión de la Información Geográfica Digital, aspectos que son tratados en el Capítulo Ergonomía de la Información al que puede acceder también en su soporte local, CD/DVDM, sirviendo la imagen que sigue como simple **orientación** del contenido que en él se encuentra.

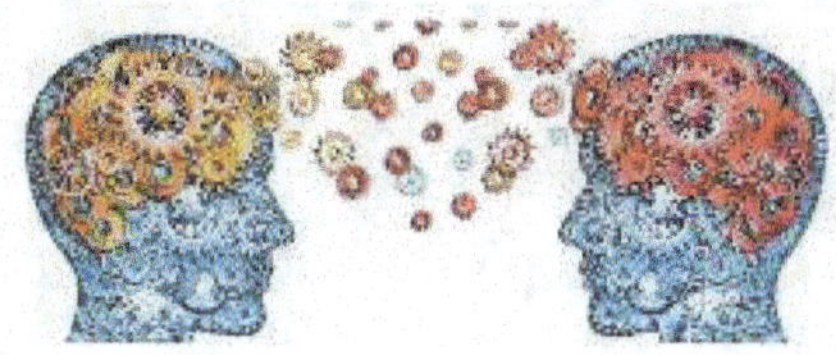

2.4.1   Ergonomía Cognitiva

Al referirse a Ergonomía de la Información en **TesisALP** se **entiende** conceptualmente como la Cognitive Ergonomics, **definida** por The International Ergonomics Association (IEA), **como**: *"Cognitive ergonomics is concerned with **mental** processes, such as perception, memory, reasoning, and motor response, as they affect **interactions** among humans and other elements of a system. (Relevant topics include mental workload, decision-making, skilled performance, human−**computer** interaction, human reliability, work stress and **training** as these may relate to human-system **design**.)"*−IEA (2016)− con resaltes en negrita **añadidos** en **TesisALP**.

Esta definición es **ampliada** por Cognitive ergonomics con *"Cognitive ergonomics studies cognition in work and operational settings, in order to optimize human well-being and system performance. It is a subset of the larger field of human factors and ergonomics"* −Wikipedia (2015b)−.

En este **contexto**, se hablaría de Ergonomía (Cognitiva) de la Información Digital -EID-, con especial atención a un **caso** específico de la EID como es la relacionada con la Ergonomía (Cognitiva) de la Información **Geográfica** Digital, EIGD y su capacidad de **transmitir** "Conocimientos" de modo "Ergonómico".

AMPLIAR => Information Design => Knowledge Visualization => Documentación disponible sobre Ergonomía Cognitiva − UM −Romero Medina (2000)

Es éste un aspecto, un problema, una **cuestión** que se puede remontar al **nacimiento** de la humanidad y su **necesidad** de representarse, de representar su vida, su entorno. De alguna manera, **resumir** su hábitat, lo que conoce, en una **imagen**, en un dibujo, en un mapa, con unas **capacidades** como "Ergonomía Cognitiva" propias de las **épocas**, cultural y tecnológicamente, en que esas **representaciones** tienen lugar.

2.4.2 La Representación Geográfica

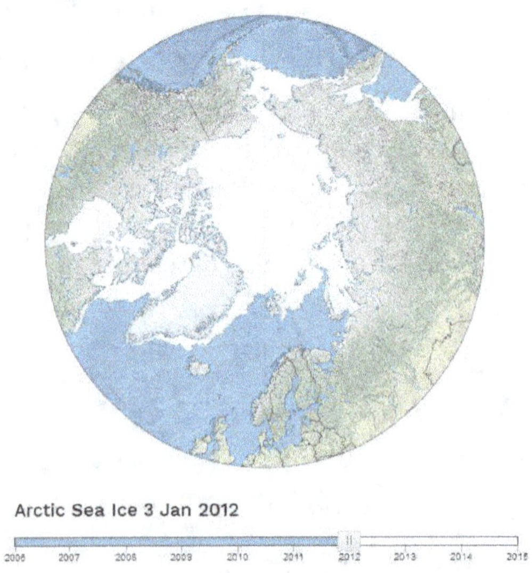

Pulse sobre la imagen y/o National Snow and Ice Data Center (NSIDC)

Pulse sobre la imagen y/o Klencke Atlas 1660

La Representación de la Geografía, un proceso evolutivo en el tiempo, adaptado a las tecnologías y capacidades disponibles en cada momento, toma una especial relevancia con la incorporación de los Sistemas Digitales, vinculados con la explotación de los "datos", "Big Data", permitiendo unas aplicaciones en las que la "Ergonomía de la Información" adquiere una gran relevancia, no solo en un sentido de "apariencia", sino de uso y aplicación, como la siguiente imagen, que le permite el acceso a un "diccionario", European Word Translator, "posicionado" geográficamente, en un "mix" de computación, geografía y traducción e interpretación, entre otras habilidades digitales necesarias para su elaboración, habilidades propias de esta "Nueva Realidad" y su "Nuevo@ Observado@r".

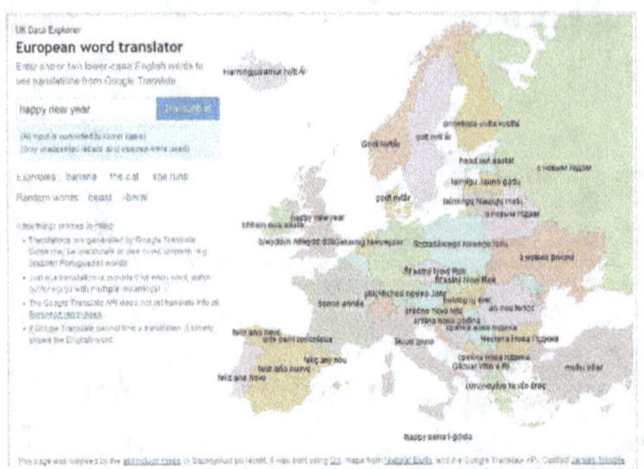

Pulse sobre la imagen y/o Human & Physical Geography — Fcebook

2.5   Geografía Cultural

La **Geografía Cultural**, considerada una **rama** de la **Geografía Humana**, trata de analizar las características de un **colectivo humano** en función del **territorio** que ocupa.

Esta **Nueva Realidad**, en que el territorio lo constituye tanto el mundo **real** como el **virtual**, abarcando la **totalidad** del planeta, **junto con** el espacio próximo y lejano, en una concepción de **globalidad** cada vez más dominante y unificadora, **conformando** un **Nuevo Observador**, se analiza en el Capítulo Geografía Cultural, al que puede acceder también en su soporte local, CD/DVD, sirviendo las imágenes que siguen, la Tabla de Contenidos, como simple **orientación**.

Introducción

Uno de los impactos más intensamente vividos por la sociedad en esta "Nueva Realidad" en la que el@ Geógrafo@ se desenvuelve, al igual que, prácticamente, todo habitante del planeta, es el que afecta a lo que se conoce como 🌐 "Geografía Cultural", entendida como 🌐 *"el estudio de los fundamentos culturales de la diferenciación regional de la Tierra"*, 🌐 Tierra entendida como un 🌐 *"cuerpo celeste que está en órbita alrededor del Sol"*, un 🌐 Planeta, en el que es posible la vida, el 🌐 planeta que habitamos.

Pero este Planeta ha **cambiado**, los seres humanos lo hemos cambiado, y hoy se **percibe** de modo muy diferente en dos **aspectos** fundamentales:

- 🌐 Espacialmente, como *"extensión que contiene toda la materia existente"*, ya no abarca **úni- camente** la 🌐 superficie terrestre, entendida en las dos **acepciones** señaladas como *"No es usual..."* que la referencia anterior contempla, teniendo su **límite** de "acceso", de **conocimiento** y comprensión, allá donde la humanidad es capaz de **soñar**, de 🌐 anhelar persistentemente.

Sus 🌐 robots 🌐 exploradores, 🌐 Voyager 1 y 2 junto con 🌐 New Horizons, 🌐 abriendo camino, explorando **e** informando, posibilitan el **titular** de prensa 🌐 *"La conquista de Plutón inicia una nueva era en la exploración espacial"* ya que *"Hemos **completado** el reconocimiento inicial del **Sistema Solar**"*, el día 15 de julio del año 5775 CH, 2015 EC, 111 EAE, a las 13.50 horas (hora de "Madrid").

Simultáneamente, 🌐 *"At CERN, the European Organization for Nuclear Research, physicists and engineers are probing the fundamental structure of the universe"*, siendo considerado 🌐 *el mayor laboratorio de investigación en física de partículas del mundo*, en el que 🌐 *se estudia los componentes elementales de la materia y las interacciones entre ellos*.

- 🌐 Socialmente, y durante estos 111 años, se produce un proceso de evolución sin parangón en la historia de la humanidad, con cambios en todos los aspectos de la vida, cambios que llegan a plantear la "redefinición de quienes somos como especie" como hace, entre otro@s investigadore@s y difusore@s del conocimiento, 🌐 Nuria Oliver, PhD, en su artículo 🌐 El móvil muda de piel o 🌐 Rafael Yuste, 🌐 ideólogo del Proyecto BRAIN, que concluye 🌐 en esta entrevista que *"será como un nuevo humanismo"*.

La irrupción de los sistemas de comunicación 🌐 intercativos, el 🌐 Social software en el uso de la 🌐 Social network – 🌐 Red social–, los dispositivos que permiten una 🌐 percepción nunca alcanzada por el 🌐 genero humano posibilitando que, prácticamente, cualquier persona, cualquier 🌐 recurso en red, en un paso más del fenómeno denominado como 🌐 "globalización", la 🌐 "sociedad red", como desarrolla 🌐 Manuel Castells en su amplia bibliografía, interactúe con otros dispositivos conformando un nuevo espacio, espacio que el@ Geógrafo@ del S. XXI ha de analizar, conocer, explicar, dominar.

🌐 ESA - Ground station chillax

Como síntesis, la visualización del vídeo 🌐 ESA - Ground station chillax puede aportar, entre otras cosas, una percepción de cómo trabajan las personas encargadas del control y gestión de las astronaves, el 🌐 Segmento Terrestre, cuestionando, incluso, la ubicación de su puesto de trabajo, su preocupación e inquietud ocupacional, en esa dualidad terrestre y espacial, donde se encuentran parte de sus "instrumentos", en el espacio próximo y lejano, donde la humanidad se encuentra, "habita", permitiendo la vida tal y como se entiende en este inicio del Siglo XXI.

Estos y otros aspectos son analizados en el Capítulo 🌐 Geografía Cultural, al que puede acceder también en su soporte local, CD/DVD.

2.6   Base de Datos de Conocimiento Geográfico

La integración de la **coordenada** "W", como determinación de la ubicación en el **espacio virtual** de la **información** concerniente a un determinado **punto** en el **espacio real**, conforma la propuesta de un **Sistema de Coordenadas Pentadimensional**, PdS, compuesto por **TLLLW**, es expuesta en el Capítulo Base de Datos de Conocimiento Geográfico, **GkDB**, del cual la siguiente imagen, según Tabla de Contenidos, resulta un **introducción** que puede ampliar en el anterior enlace o en su CD/DVD, así como en Conclusiones Parciales − Penta dimensional System

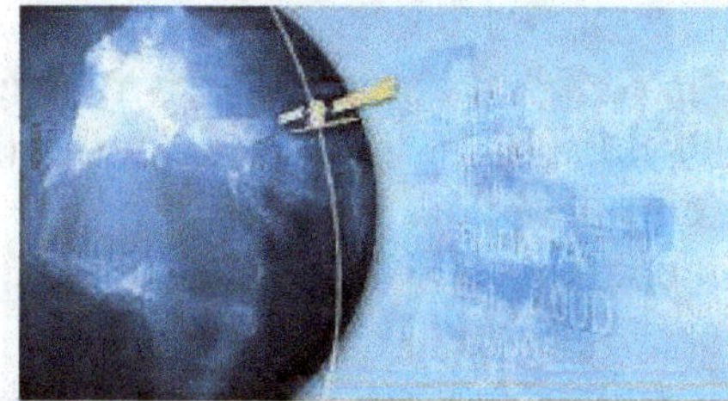

2.6.1   GRSRG

Se propone el uso de un Sistema de Referencia Geográfico −GRS− basado en la determinación de las siguientes coordenadas:

T	L	L	L	W
Tim	Lat	Lon	Lev	WiPc
Tiempo Time	Latitud	Longitud	eLevación Level	Coordenada en el Espacio Digital - URL

- Lev representa la eLevación, el nivel, Level, que adquiere el fenómeno estudiado.

La eLevación estará referida a un Plano de Comparación establecido, siendo un caso específico la determinación altimétrica, referida a ASL, AGL, msnm o aquella referencia de interés que se considere en el estudio.

En esta concepción de eLevación, **los componentes de una matriz imagen**, pixel, pueden adquirir el **valor** de interés, como temperatura, humedad, densidad de población; aquella **variable** definida, según el interés de los estudios y/u objetos analizados.

- WiPc, **"W"**, representaría la coordenada en que el **mundo real**, LLL, "conecta", "contacta" con el **mundo virtual**

A través de esta "conexión" se dispondría de la "percepción", la **capacidad de análisis geográfico**, entre otros, al adquirir esa "realidad" -LLL- **otra dimensión** en la que los valores cuantitativos y cualitativos pueden ser expuestos, analizados, de muy diversas maneras.

Poder transmitir el **conocimiento**, "W", que sobre el **lugar** LLL se tiene en el **momento** T de otra manera, con otras finalidades, otros objetivos, como la RAiAR, usando, **conectando**, con el Espacio Ciber-Digital Space.

2.6.2 Esferofoto

Un caso específico de Información Geográfica Digital, integrable en esta  Base de Datos de Conocimiento Geográfico, **GkDB**, como imagen, fotografía, que revela "**un hecho** acaecido en **un lugar** en **un momento**", lo constituyen las denominadas en esta Tesis Doctoral como "esferofoto", "esferoimagen", entendiendo ésta como aquella **composición de imágenes** que unidas, "ensambladas", conforman una **imagen esférica** con el **foco**, el punto de vista, situado en el **centro de una esfera** georreferenciada y que, visualizadas en soportes informáticos adecuados, permiten la **visualización** de la totalidad del entorno que rodea al observador, en una cobertura de 360° en visión horizontal y 180° en visión vertical.

Así, se obtiene una **proyección** equirectangular central o cónica, manteniendo una **relación** entre anchura y altura de 360/180=2, siendo esta relación, en pixeles, proporcional al ángulo FOV, Fiel of View, situándose éstos en un sistema de coordenadas Latitud/Longitud/eLevación.

La obtención y explotación de estas **esferofotos** es una capacidad propia de un momento en que las herramientas software y hardware permiten su uso de manera generalizada, constituyendo una **fuente básica** en que fundamentar la definición de los "Espacios Geográficos Virtuales" como "escenarios" en que se desarrolla la vida, producto de la captación directa de esa realidad que reflejan las imágenes, las fotografías, unas capacidades que son desarrolladas en Virtual Simulator.

2.6.3 WiPg

Se entiende por **WiPg**, "Wiki Picture geo", aquella imagen digital que en su "propio" Exif — Exchangeable image file format— dispone de su coordenada **"W"** además de las coordenadas geográficas —LLL posicionales— que la ubican en un lugar del territorio y en un momento T determinado.

Esta coordenada "W", coordenada Wiki, www, IP, URL, refleja la **dirección lógica** en el "Espacio Ciber-Digital Space" en que se **encuentra** la imagen, sus características, capacidades y **aquella** información que su administración considere adecuada, **junto** con la que sea requerida por interoperatividad con otros sistemas de GeoDataBase, pudiendo **identificarse** su existencia a través del icono lateral.

La coordenada **"W"**, en impresión **analógica** u otros formatos en los que se desee **presentar** la Información Geográfica Digital, la imagen digital, podrá **disponer** de un código QR, o similar, que **permita** el acceso, bien a la imagen en sí, bien a la Wiki o forma de referencia en que se encuentra.

La coordenada **"W"** puede tomar **varios** valores, aspecto, junto con otros, que es tratado en el Capítulo Base de Datos de Conocimiento Geográfico, **GkDB**, al cual pude acceder en el anterior enlace o en forma local, en su CD/DVD.

2.7   Virtual Simulator

La **Simulación**, como capacidad de **transmitir** conocimiento y **experimentar** sobre una **realidad virtualizada**, un "Espacio Geográfico Virtual" como **modelo** en el que integrar una **información** que permita la **definición** de una "Realidad Virtual informacional", es analizada en el Capítulo ⓤ Virtual Simulator, siendo la siguiente imagen una **introducción** que puede ampliar en el anterior enlace o en su CD-ROM, según Tabla de Contenidos.

Virtual Simulator

Consulte la Tabla de Contenidos ⇒

Tabla de Contenidos

Imagen: Abelardo López Palacios en
к Simulador Virtual - Base Aérea de Alcantarilla. EU ES-MC

GeoEtiquetas	Etiquetas
GEOTAG: : 37.982470840000°,-1.127139330000°, 60.000m	similacion, virtual, simulador, imagen, esferica

Redes Sociales - Dos cliks ⇒ 1º activa ⇒ 2º marca - Social Share Privacy

Tweet   Like   +1   i   ⚙

Simulación

La palabra, el **término** simulación, en una primera aproximación a su **significado**, aporta una percepción, quizás real, de la **problemática** que le afecta y que se observa **según** la fuente que se use para su interpretación: los **distintos** significados, concepciones que se pueden aplicar.

- Según la RAE, simulación significa
  - Acción de simular
    - simular, Representar algo, fingiendo o imitando lo que no es
  - Alteración aparente de la causa, la índole o el objeto verdadero de un acto o contrato

En w Wikipedia ES, se destacan en el inicio **dos** definiciones, la primera como *"técnica numérica para conducir experimentos en una computadora digital"*, y la segunda, *"el proceso de diseñar un modelo de un sistema real y llevar a término experiencias con él"*.

NOTA

Por premuras tiempo, no se ha podido desarrollar este capitulo, como hubiera sido posible y deseado, al menos de forma introductoria, al igual que los anteriores.

No obstante, se puede consultar Simulación Virtual, página 60, en Conclusiones parciales, donde se realizan una serie de anotaciones y referencias sobre estos recursos, su acceso y consulta.

🌐 Simulación en la preparación accesible en
🌐http://wikimas.skeye2k.org/docu2k/vs2k/0022/simulacion
recurso pendiente de desarrollo

3   Conclusiones

3.1   Argumentario

Toda Tesis Doctoral ha de contar con un, finalmente, apartado de "Conclusiones" y "Líneas de Investigación Futuras".

Este apartado final, en una secuencia continua de la lógica expositiva, del soporte físico —libro con páginas numeradas—, reflejo de un esfuerzo investigador, de revisión y, finalmente, de publicación, del fin de la Tesis Doctoral, no resulta tan evidente en un formato Web 2.0, en esta Tesis Doctoral que pretende ser reconocida como Virtual.

El **dinamismo**, las característica de actualización, corrección de textos, integración de nuevos recursos, avances científicos y tecnológicos que pueden ser **incorporados** en cualquier momento al Dispositivo de Investigación y Difusión del Conocimiento que conforma, junto con sus características de Conocimiento Continuo Cooperativo —Co^3—, **permiten** que estas conclusiones, quizás más en las "líneas de investigación (futuras)", puedan ser **actualizadas**, ampliadas, matizadas, desechadas, incluso **desarrolladas** hasta cierto nivel, de modo continuo, **permanentemente**, ya que las "líneas de investigación" pueden ser "vivas", no futuras.

Por otro lado, toda Tesis Doctoral tiene su fin, el momento en que es impresa, registrada, defendida y, en su caso, validada, momento en que la finalidad perseguida, la obtención del Título de Doctor, es alcanzada.

En esa concepción de Tesis Doctoral "estática", *"un documento mecanografiado que aporta un conocimiento neto a una disciplina específica por el cual su autor debe someterse a defensas orales de su trabajo"* —Korstanje (2013)—, la idea de Virtualidad —página 36—, propia de esta "Nueva Realidad" en que se desenvuelve el "Nuevo Observador", puede resultar innovadora, novedosa, incluso disruptiva, como se ha expuesto en Formato Dual, en la página 37.

Así, además de unas Conclusiones Finales, se consideran una serie de "Conclusiones Parciales" y unas "Líneas de Investigación" que, en esta concepción dual, pueden ser consideradas como acciones post-doctorales, tanto en procesos personales y/o generales, Trabajos Académicos innovadores e implementados — TAi2k específicos, en un proceso continuo de desarrollo de **TesisALP** en aspectos que no se han desarrollado, no se han podido desarrollar, y que son encuadrados en un concepto propio de los sistemas digitales, los ToDo, **"por hacer"**, *"funcionalidades y características aún no implementadas en un programa informático o algún otro tipo de proyecto"* que *"según la disponibilidad de tiempo y de recursos será probable que aparezcan en versiones futuras del programa, o en revisiones del proyecto"*, de **TesisALP**.

3.2   Conclusiones Parciales

Dada la **variedad** de temas y **aspectos** específicos tratados en esta Tesis Doctoral, estas conclusiones parciales, **consideradas** relevantes todas ellas, merecen un **tratamiento aislado**, resultando como **propuestas** de desarrollo y aplicaciones específicas, **independientes** de unas Conclusiones Finales, más amplias y **generales**.

Estas "Conclusiones Parciales" pueden, **quizás** deben, ser **consultadas** en Conclusiones - Conclusiones Parciales ante **posibles modificaciones** que pueden sufrir, **incorporando** nuevas ideas, dada la **característica** de dinamismo propia de **TesisALP**, característica a la que **no se renuncia**, a pesar del depósito documental que se realiza, **previéndose** una nueva edición de la misma —**V 3.0**— una vez defendida y, en su caso, **validada** como Tesis Doctoral.

3.2.1 Penta dimensional System

En el capítulo GKDBDCG se propone la estructuración de una **Base de Datos de Conocimiento Geográfico** – **Geographyc Knowledge Data Base** – Geo knowledge DB–**GkDB** que se **caracteriza** por la "conformación" de la Información Geográfica Digital –IGD– contenida en ella en una **estructura** que se define como "Sistema de Coordenadas Pentadimensional(es) Coordinates System" –SCPdCS–, **PdS** –Penta dimensional System(a)–, en un "modo" **compatible** e **interoperable** con las Infraestructuras de Datos Espaciales.

El **objetivo** que se persigue con esta propuesta, esta introducción a una posible definición "automatizable" de un sistema pentadimentional de coordenadas, es la incorporación de una **quinta** coordenada –WiPc– **coordenada** "W" que permita **vincular** el conocimiento sobre **algo** relacionado con un **momento** y un **lugar**.

La coordenada **"W"** sería la coordenada en el Entorno Digital Environment en la que **acceder**, a través del dispositivo adecuado, a una **información** tan extensa como se considere posible o necesario, al Conocimiento que **sobre** ese **lugar** se tiene **en ese momento** – Near real-time – nRT– y/o **de** ese momento, **multitemporal**.

La metainformación propia de la IGD –*structural* y *descriptive* metadata– complementada con otros "datos" relevantes: por qué, para qué, quien, cómo, cuando se obtuvo esa Información Geográfica Digital. Hechos, circunstancias, integrados en esa URL, en esa Wiki, en ese Sitio Web.

Un **ejemplo** de este tipo de IGD, en forma de **imagen**, se tiene en Resumen – Nuevo Observador, con su coordenada **"W"** en ISS from EU ES-MC, WiPg desarrollada por el doctorando.

Este "Sistema pentadimensional de Coordenadas" –PdS– se estructura según anotaciones que siguen y en el Capítulo Base de Datos de Conocimiento Geográfico.

3.2.1.1 Sistema de Referencia Geográfico

Para el almacenamiento, tratamiento, **gestión** de la "Información Geográfica Digital" integrada en esta **GkDB**, se propone el Sistema Geográfico de Referencia - Geographic Reference System que se ha introducido en Sistema de Referencia Geográfico.

3.2.1.2 WiPc

El acrónimo conceptual, la concisión **WiPc** corresponde a la siguiente estructura:

- **W** como referencia a la World Wide Web –www, como palabra, no existe en esta consulta a la R.A.E. siendo Web: 1. f. Inform. Red informática. sin más acepciones–

- **Wi** como una referencia a Wiki

- **iP** como una referencia Internet Protocol, una IP address

- **c** por su componente interna, **coordenada**, de Información Geográfica Digital – DGI

La **componente interna** de IGD – DGI se expresa en forma de **"Coordenada W"**, una concepción de **"información"** que permite determinar unívocamente la posición, en el "Entorno **Digital** Environment" y en el "Entorno **Real** Environment", en el **Mundo Ciber World**, de cualquier objeto, sus propiedades y cualidades, la información que lo define y que permite su Conocimiento – Knowledge.

Finalmente, **WiPc**, y leyendo de derecha a izquierda, sería una "**coordenada** IP que ubica un **conocimiento** en una Wiki, en la WWW".

3.2.2   Imagen

Un caso especifico en el tratamiento y gestión de la Información Geográfica Digital —IGD— lo constituyen las imágenes, tanto digitales como digitalizadas, conformando una Información Geográfica de alto valor, dada su significación como expresión gráfica, visual, de un **hecho** acaecido en un **lugar** y en un **momento** dado.

Siendo que, ya en 1917 EC, en los albores de un incipiente uso de la fotografía, el Geógrafo D. Emilio Huguet del Villar confía en que el alumno *"llegue a **leer** en sus **mapas** cosas que **no** están escritas en los párrafos del **texto**, y que llegue a **leer** en la **fotografía** cosas que **no** dicen **ni** el texto ni los mapas"* —?—, en una clara apuesta por la 🌐 Comunicación Visual, cuánto más se ha de valorar este recurso en esta época, en que la **imagen** terrestre, panorámica, esferofoto, aérea, "satelital", en formato óptico, multiespectral, en falso color, radárica, con una gran variedad de sensores, **junto con** las capacidades de difusión y acceso, **aporta** un valor fundamental para entender y comprender la Geografía, los estudios relacionados con las Ciencias de la Tierra y el Espacio.

Es por ello, por su relevancia que impregna gran parte de esta Tesis Doctoral, en varios Capítulos, pudiendo dar lugar a estudios más amplios, específicos, siendo conceptos referentes a las imágenes, las "fotografías", desarrollados en 🌐 Foto2k estableciéndose, en ciertos aspectos, temas y recursos, una relación bidireccional con el DIDiC 🌐 WikiM⁺ ubicado en 🌐 Skeye2k-f y desarrollado íntegramente por este doctorando, que se incluyen unas referencias que se estiman relevantes en estas "Conclusiones Parciales".

3.2.2.1   Imagen y Recuerdo

"La fotografía, la imagen, supone una fuente de conocimiento" que *"comporta una Información Geográfica, una imagen de un hecho, acaecido en un lugar, en un momento"* —GALoPaX (2015b)— pudiendo entenderse imagen como *"imagen material e imagen mental"* —?—.

Esa percepción dual permite *"responder a la vez a los por qué y a los cómo de la imagen"* —?— resultando la imagen una **base**, un **elemento fundamental**, de métodos de recuerdo, en procesos de 🌐 Photo Elicitation vinculados con la Información Geográfica —Bignante (2010), Tonge y otros (2013)— abriendo líneas de investigación en las que los "Simuladores Virtuales inmersivos" pueden jugar un papel muy relevante, en distintas áreas y disciplinas.

Por otro lado, *"la fotografía ha sido considerada, desde sus orígenes, con una perspectiva dual: como arte y como técnica"* resultando, así mismo, según *"el objetivo "tecnológico", científico, perseguido, generalmente íntimamente relacionado con las técnicas instrumentales disponibles y/o necesarias para determinado fin"*, una *"fotografía científica, también llamada fotografía aplicada"* —GALoPaX (2015a)—.

De esta combinación de imagen, fotografía, fotografía científica, esferofos, aéreas, terrestres, en un proceso de "Gestión Integral de la Información Geográfica Digital", de "Virtualización del Entorno Geográfico", su integración en "Bases de Datos de Conocimiento Geográfico" —**GkDB**—, como se viene exponiendo y mostrando a lo largo de **TesisALP**, se pueden obtener unas fuentes, unos datos, unos recursos, unos **conocimientos** de amplio uso y aplicación en estudios de la Geografía y las Ciencias de la Tierra y el Espacio, en una concepción de "Inteligencia del Territorio", quizás la Geografía del Siglo XXI.

3.2.2.2   Black Hole Buffer

El uso y empleo, la "popularización" de los sistemas digitales ha reportado, reporta, una gran cantidad de aplicaciones de los mismos, como se viene exponiendo en esta Tesis Doctoral, pero el almacenamiento, custodia y conservación de sus productos, imágenes, fotografías, **datos en general**, la Información Geográfica Digital, se encuentra **amenazado** por diferentes causas y razones, siendo, quizás, el mayor **riesgo** el desconocimiento que esta información, estos datos, el producto de tanto tiempo y esfuerzo, corre: su posible **desaparición**, tema que es tratado en 🌐 Black Hole Buffer.

Ya en 1997 🌐 Terry Kuny, Library and web services consultant, en la 🌐 63rd IFLA Council and General Conference 1997 – "Libraries and Information for Human Development", presenta su ponencia 🌐 A Digital Dark Ages? Challenges in the Preservation of Electronic Information –Kuny (1997)– en la que avisa sobre los riesgos que la información electrónica corre de desaparecer, de crearse, en consecuencia, una **Edad Digital Obscura**, negra, algo que en esta exposición se denomina como **"Black Hole Buffer"** -BHB-, un "agujereo negro en forma de banda", de franja, de "buffer", cifrado en unos 60 años, considerando como fecha de **inicio** de esta época de digitalización en torno a los años 70 del Siglo XX, y situando el **centro** de la banda, del buffer, en el año 2000, llegando a los años 2030 como tiempo **simétrico** de esa banda.

El **riesgo real** es que ese periodo de 60 años se convierta, en el devenir de los tiempos, en un **agujero negro informacional**, al no existir datos de referencia en ningún soporte, ni analógico ni digital, que pueda refrendar esos hechos, **la vida en ese periodo de tiempo**, de cada pueblo, de cada país, de cada persona, familia y grupo, con una influencia propia, en dimensión y escala.

Como referencias de ampliación sobre un tema que **preocupa**, como se podrá observar, se incluyen los siguientes comentarios y referencias, con reflexiones como *"El **deterioro** de los soportes donde se almacena la información, la **desaparición** de los programas para interpretarla o las **limitaciones** impuestas por el copyright harán que, para los humanos del futuro, sea **inaccesible"** –Criado (2015)– o "... nace de la idea de que el **mundo del futuro está perdiendo parte de su historia:** "Tendremos recuerdos vagos, no un registro concreto de dónde se ha estado y lo que se ha visto" seguido de "Cuando trabajas en el archivo de una universidad grande o de un museo"* –él es administrador del de la 🌐 *Universidad de Sussex (Inglaterra)–, "te das cuenta de que **todo el mundo está muy preocupado** con lo que va a ocurrir. ¿Cómo contaremos nuestra historia? ¿Cómo trabajarán los biógrafos?"* –Rivas (2015)–.

Por ello toma especial relevancia el siguiente apartado, la "Custodia de Información Geográfica Digital".

3.2.2.3   Custodia de la IGD

Esta **amenaza**, el **"Black Hole Buffer"**, se cierne, de modo muy singular, en **procesos de investigación** en que la conciencia de los **productos** obtenidos se ciñe al "producto final", la imagen, el **"dato"**, sin atender a parámetros elementales y fundamentales, "parámetros" que se podrían englobar en lo que se denomina como "metainformación", la **"información de la información"**.

Pero no solamente referida a un **fichero**, en algún formato que, quizás, **deja** de ser "accesible" muy pronto, si no a toda la **documentación que refrenda** cómo, cuando, por qué, quién, para qué se ha obtenido esa IGD, lo que se denomina como 🌐 RAW Information –información raíz– y que, en un símil referido a fotografía analógicas, estaría equivaliendo a los **"negativos"** y la libreta de campo, los metadatos **descriptivos**.

Este **caso** se puede plantear con los Virtual Simulators que se **manejan** en esta Tesis Doctoral, como DYCAM-SEG, Puerto de Cartagena y otros.

La pérdida de esta información, telemetrías y procesos de creación de los Simuladores Virtuales, impediría, de modo seguro, cualquier tipo de estudio multitemporal, su simple repetición, mejora, integración con otros recursos, software de gestión actualizados, pues, de algún modo, dejarían de existir.

Incluso, si el servidor que soporta su alojamiento deja de dar el servicio, se convertirían en un enlace vacío, roto.

Por ello, y relacionado con los Simuladores "DYCAM-SEG", "Puerto de Cartagena" y otros, como CTT-UM, junto con la "Custodia y Mantenimiento" de la imagen como fuente de "Conocimiento Geográfico", se expone esta "Conclusión Parcial", dada la relevancia que su conocimiento puede suponer.

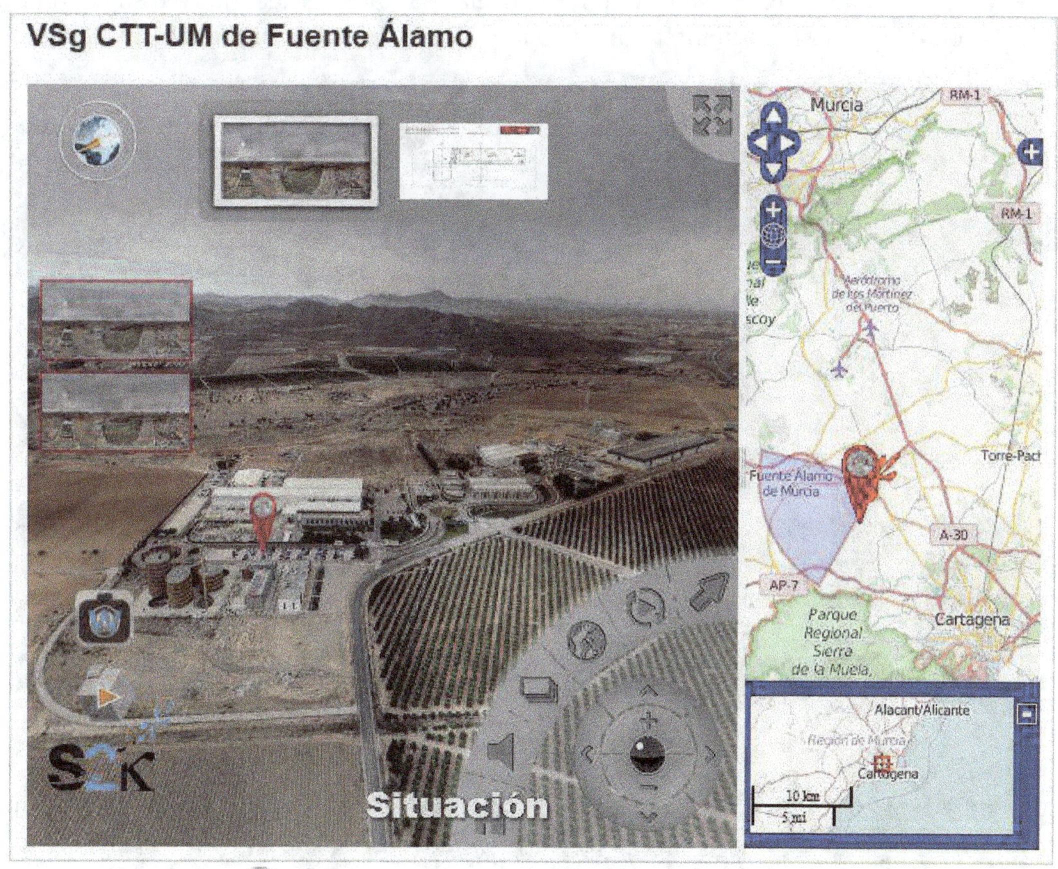

VSg CTT-UM – P. T. Fuente álamo VSg

3.2.3   Simulación Virtual

Uno de los objetivos primarios de esta Tesis Doctoral es la propuesta de una definición, tratamiento y explotación de los denominados 🌐 "Simuladores Virtuales" —**VS**— entendidos como aquellos dispositivos que permiten el acceso a una Información Geográfica Digital producto de una **"Virtualización del Entorno"** obtenida con la finalidad de generar **"Espacios Geográficos Virtuales"**, como base en la que integrar otra Información Geográfica Digital, resultando el **"escenario"** en que desarrollar otras aplicaciones.

Entre ellas, acciones vinculadas con la **Realidad Aumentada informacional** —RAiAR— generando **"juegos interactivos"** – 🌐 Juegos serios : 🌐 Serious Game— en los que "simular", aprender y **conocer** el entorno geográfico, **dónde** y **cómo** tiene lugar la **vida**.

Conocer, explicar, **transmitir** el Conocimiento Geográfico de "otra manera", **simulando** una inmersión virtual en un espacio "visual" e "informacional", ambos **reales**, que, en su conjunto, con la **interacción** del@ usuario@, posibilite el **acceso** a la "Realidad Aumentada informacional".

Como **muestra** de las capacidades de este recurso, en un proceso más elaborado, se incluye la **Terminal de Cruceros** del **Simulador Virtual del Puerto de Cartagena**, España, basado en una **idea** propuesta por Abelardo López Palacios a la 🌐 Autoridad Portuaria en mayo de 2.012 y **desarrollada** íntegramente bajo su **dirección**, pudiendo **destacarse** que ha sido el **primer** y **único** puerto del **mundo** -¿y es?- que ha dispuesto de un **recurso** similar, según **información** aportada por **personal** de la Autoridad Portuaria de 🌐 Cartagena, EU-ES-MC.

🌐 Simulador APC

3.2.3.1   Proyecto DYCAM-SEG

Este Simulador Virtual, al igual que el anterior y otros, **requiere de una labor de documentación** en la que reflejar diversos aspectos relacionados con los **métodos** y **tecnologías** con que se han realizado, una información que puede ser relevante, en el aspecto **documental**, así como en el **formativo** y **orientativo**, ante futuras acciones similares, incluso posibles estudios multitemporales.

Para ello, **resulta fundamental recopilar** toda la información disponible —telemetría, imágenes, procedimientos, etcétera— y arbitrar un procedimiento de **mantenimiento** y **custodia** de la información disponible, como se señala en el siguiente apartado, "Líneas de Investigación", quizás en una GkDB.

Proyecto DYCAM-SEG — VS Proyecto DYCAM-SEG

3.3 Líneas de Investigación

Las líneas de investigación, realmente, **no** son futuras, por eso se ha eliminado ese adjetivo pues, **todas** las que se señalan, están en determinada **fase** de desarrollo.

Se pueden proponer, señalar como factibles, interesantes, **muchas** y variadas, y seguro que a cualquier persona que consulte este recurso se le ocurrirán otras tantas.

Algunas ya se documentan en PosTesis - Líneas de Investigación pues, a medida que se **detectan** vías de interés, o se considera necesaria una mínima investigación en determinada linea, se **documentan** las informaciones recopiladas, tratando de integrarlas con otros líneas, algo que, por otra parte, suele ser lo habitual, dada la **interconexión** entre los estudios y recursos desarrollados.

Entre estas "Líneas de Investigación", **susceptibles de aumentar**, se destacan las siguientes:

Simuladores Virtuales

- **Proyecto DYCAMFly**, de solución de "Simulador Virtual inmersivo" e **integración** en aplicación informática y/o APP de vuelo

- Proyecto de **integración** de Simulador Virtual CTT-UM en APP de **Geolocalización** e integración con "Simulador Virtual inmersivo" del Centro de Transferencia Tecnológica de la Universidad de Murcia

- **Realidad Aumentada informacional** en la que integrar diversos Simuladores Virtuales en su concepción de Espacios Geográficos Virtuales, especialmente los dos anteriores

Custodia y Mantenimiento de Información Geográfica Digital, según Black Hole Buffer

- **Custodia** y **preservación** de la Información Geográfica Digital, origen de diversos Simuladores

- Asociado con el anterior, **catalogación** de Información Geográfica de interés y **definición de protocolos** de acuerdo a GkDB

Explotación TesisALP, en razón de la información que puede generar esta tesis

- **LegalForm** en relación a "Información Legal" en sitios Web de Trabajos Virtuales Académicos y su adecuación a las normas, con especial orientación a la Información Geográfica Digital

- El **impacto**, el alcance y la **velocidad de difusión del conocimiento** que esta Tesis Doctoral Virtual puede alcanzar, puede ser analizado en función de distintas variables, métodos y procedimientos

- Igualmente, la campaña de Crowdfunding BecALP y su **repercusión**, efectos, y otras variables, puede ser analizada como ejemplo, **encuesta real** en función de distintas variables, métodos y procedimientos.

Finalmente, diversos ToDo, "por hacer", que, fundamentalmente, por falta de tiempo, han sido anotados para futuras versiones y actualizaciones, como los dos capítulos quizás más "fáciles", por conocimiento y práctica del doctorando, Herramientas y Virtual Simulator, Simuladores Virtuales, que han quedado un tanto "desdibujados", hecho por el que se piden disculpas al tribunal examinador y posibles lectore@s. Nota: se ha actualizado Herramientas para esta Versión 4.0

3.4   Conclusiones Finales

El tratar de convencer y persuadir a los miembros del tribunal, a la comunidad científica, a quien pueda acceder a la lectura de esta Tesis Doctoral Virtual, con esta exposición de conclusiones de la bondad de las hipótesis planteadas, los métodos de investigación empleados, fuentes, incluso objetivos perseguidos, puede resultar algo complejo, dados los diversos **temas** que se abordan en **TesisALP**.

Una serie de propuestas, casos de estudio, ejemplos y razonamientos sobre los mismos, que **confluyen** en el propio enunciado de la tesis, una "Nueva Realidad" para un "Nuevo Observador", lo que lleva a **cuestionar** la "Geografía en el Siglo XXI".

Una **Nueva Realidad** conformada por el ser humano, en un periodo de tiempo que se puede llegar a considerar "despreciable", según la escala temporal geológica, pasando en un periodo de **111 años** de no volar nadie en la humanidad a acceder, a ⊕ morar, a vivir en el espacio exterior, a explorar y conocer los confines de la galaxia, el espacio interestelar.

En estos, prácticamente, 112 años —17 de diciembre de 2015— de la Era de la Aeronáutica y el Espacio se puede escribir, en un correo electrónico:

*"En primer lugar disculpad el retraso en mi contestación, pero estoy en Ecuador y estos días atrás he estado en Santa Cruz e Isabela (Galápagos), donde la señal de internet es penosa e incluso no existe. Ahora estoy en Guayaquil, donde **mi conexión con el mundo** es algo mejor."*

Hasta qué punto esta expresión, *"mi conexión con el mundo"*, no es metafórica si no expresión de la realidad del mundo en que hoy vivimos, **conectados** global y permanentemente, reflejo de una **nueva** "Geo".

Una "Geo", esa Tierra en la que la humanidad habita y que, además de evolucionar en sus aspectos morfológicos, propicia una evolución propia del ser humano, de sus capacidades y recursos, de sus **herramientas**, que le permiten obtener respuestas a sus preguntas más primigenias, generando nuevos interrogantes.

Permitiendo una concepción de su territorio, de sí mismo, marcado por un momento que se puede considerar clave en esa concepción, en esa percepción de su hábitat, el momento en que se obtiene ⊕ La Canica Azul, ⊕ The Blue Marble, *"one of the most widely distributed images in human history"* —EAE – The Blue Marble—, prácticamente 69 años después del vuelo de los hermanos ⊕ Wright.

Una Gai@, quizás en el sentido de la ⊕ Hipótesis Gaia, una nueva ⊕ Pange@, con los continentes **unidos** por el conocimiento, por la **virtualidad**, en un todo compuesto por esa "Blue Marble" y el Entorno Digital Environment que la **civilización** crea, **construye**, en el que el nuevo observador, **dotado** de los dispositivos adecuados, sin los cuales, incluso, su seguridad física se ve seriamente comprometida, **"conecta"** con el mundo, con el mundo en que vivimos, en el que vive ese@ nuevo@ observado@, el MundoCiberWorld.

Un **Nuevo Observador** que alcanza, que **posee de modo innato**, casi en poco tiempo, en el transcurso del ⊕ Siglo XXI —un par de generaciones quizás—, de modo **global** y a edades muy tempranas, una serie de habilidades y conocimientos que **generaciones** hoy presentes **alcanzaron**, si llegaron, a edades de trece, catorce años quizás, con los estudios de las primeras nociones de Geografía, el globo, la Tierra, coordenadas, posición, brújula, itinerarios... **dotado** de todos los dispositivos y sensores que la industria y el comercio, de modo vertiginoso, integran en esa **Nueva Realidad**, conformando una forma de vida, un nuevo homo, **el@ homo@**, como evolución del ⊕ Homo Sapiens.

Así, en un momento en que la **"vida"**, como hoy se entiende y vive, **ya no depende únicamente** del *"conjunto, orden y disposición de todo lo que compone el universo"*, de la naturaleza, el estudiar y comprender la interacción e interrelación de los **fenómenos** que ocurren en un **lugar**, a una **escala**, con un "zoom", con dispositivos, robots, algunos ya dotados de **inteligencia artificial**, hoy ya utilizados y otros anunciados en calendarios de ejecución, puede propiciar una noción de **Inteligencia del Territorio**, en una visión global de la Tierra, **entendida como aquel lugar, físico y/o virtual**, en que el ser humano mora, como una **evolución** a la **Geografía del Siglo XXI**, una Ciencia de la Información Geográfica que abarque esa **Nueva Realidad**, el MundoCiberWorld, y sus habitantes, el **Nuevo Observador**.

Por ello, la Ciencia que procura el logro de la representación por medio del lenguaje, refiriendo o explicando las distintas partes, cualidades o circunstancias, delineando, dibujando, figurando, representando de modo que dé cabal idea del planeta en el que está establecido el conjunto de todos los hombres, el género humano en el Siglo XXI, del cual quedan por transcurrir 85 años, **la Geografía**, ha de tomar conciencia de **cuál** es el " planeta en el que está establecido", en el que mora pasando a ser ese el **objetivo** de sus afanes.

Los **cambios** espaciales y sociológicos acaecidos en estos últimos 111 años, a la **velocidad** que se han producido y el **impacto** planetario y extraplanetario de los mismos, en desarrollos totalmente "vivos", con unas capacidades de futuro que llegan a **plantear** un nuevo humanismo, han de generar una adaptación de los métodos, técnicas, formación y conocimiento de la Geografía acorde a ese entorno, en el que "Geo", "tierra" o "la Tierra", adquiera la **dimensión** en que la humanidad se encuentra presente, está establecida, "reside".

Ciertamente, siempre existe la **prevención**, la duda, quizás el temor −Fanjul (2015)−, el **debate** ante nuevas técnicas y aspiraciones, como el suscitado en los años 2003−2005 *"sobre si las denominadas Tecnologías de la Información Geográfica (TIG) forman parte del núcleo duro de la Geografía"* −Pérez Machado (2009) − Chuvieco y otros (2005)− **resultando** hoy que el *"BOLETíN de la Real Sociedad Geográfica Tomo CL (2014-2015)"* publica **cinco** de sus ocho Colaboraciones Invitadas sobre, basadas, en **TIG**. −Geográfica (2015).

Dudas, temores, debates, a los que el@ Geógrafo@ del Siglo XXI, al igual que en todas las épocas, ha de intentar responder, en sus áreas, según sus conocimientos, sus inquietudes, sus anhelos.

La **percepción** de los avances de todo tipo, los tecnológicos, las **afecciones** que todo ello genera, en un proceso continuo en el que la Ley de Moore −Wikipedia (2015e)− es cada vez más **presente**, "palpable", afectando, cómo no, a la Geografía, a las Ciencias de la Tierra y el Espacio, **augurando** el momento de la Singularidad Tecnológica, se **manifiesta**, de modo notorio, en la forma de comunicación y divulgación del conocimiento, de las **relaciones** humanas.

En este contexto, en este año 2015 EC, 111 EAE, en que se celebra el Centenario de la Universidad de Murcia y de su Facultad de Letras, con el saber geográfico, germen del actual Departamento de Geografía, como uno de sus elementos angulares, se presenta esta Tesis Doctoral Virtual, **pudiendo** servir **TesisALP** como **muestra** de un modo de escribir, redactar, **exponer** el conocimiento geográfico acorde con los instrumentos, las herramientas, el **lenguaje digital**, propio del **Nuevo Observador** que se desenvuelve en esta **Nueva Realidad**, el **MundoCiberWorld** en que vivimos, y que tomará su plenitud en los años venideros, en el transcurso del Siglo XXI.

Bibliografía

32 CONGRESO DE LA UNIÓN GEOGRÁFICA INTERNACIONAL, APORTACIÓN ESPAÑOLA: *Nuevos Aires en la Geografía Española del Siglo XXI*, 2012.

AGUIRRE ROMERO, JOAQUÍN M.: «Ciberespacio y comunicación: nuevas formas de vertebración social en el siglo XXI». En: *Espéculo Nº 27. julio - octubre 2004 Año IX,* , 2003.

> NOTAS: Seminario "Pensar la cybercultura. Antropología y Filosofía del nuevo mundo (digital)", celebrado en la ciudad de Soria -EU-ES- en el mes de julio de 2003

> RESUMEN: Aunque el término "Ciberespacio" provenga del mundo de la literatura de ficción, prendió pronto en el vocabulario popular para identificar una nueva realidad que estaba formándose poco a poco. Sin embargo, su implantación rápida muestra el grado de identificación obtenido por el término con la realidad a la que designa, aunque esta realidad esté por describir, definir y explicar.

`https://pendientedemigracion.ucm.es/info/especulo/numero27/cibercom.html`

BIGNANTE, ELISA: «The use of photo-elicitation in field research». EchoGéo, 2010.
`http://echogeo.revues.org/11622`

CARR, NICHOLAS: «Is Google Making Us Stupid?», 2008.
`http://www.theatlantic.com/doc/200807/google`

CARREÑO, P y LOZANO, J.: «Ambientes Virtuales de Aprendizaje 3D». *Congreso Iberoamericano de Ciencia, Tecnología, Innovación y Educación*, 2014.
`http://www.oei.es/congreso2014/memoriactei/963.pdf`

CASTELLS, MANUEL: *Monopolville. L'entreprise, l'etat, l'urbain.* Mouton, Paris, 1974.

——: *La ciudad informacional. Tecnologías de la Informaciónn, reestructuración económica y el proceso urbano-regional.* Alianza Editorial, Madrid, 1995.

——: «Internet y la Sociedad Red». Lliçó inaugural del programa de doctorat sobre la societat de la informació i el coneixement. UOC, 1999.

> RESUMEN: ...." Lo que hace Internet es procesar la virtualidad y transformarla en nuestra realidad, constituyendo la sociedad red, que es la sociedad en que vivimos."

`http://www.uoc.edu/web/cat/articles/castells/castellsmain1.html`

——: *La Era de la Información. Vol. II: El poder de la identidad.* Siglo XXI Editores, México, Distrito Federal, 2001a.
`https://en.wikipedia.org/wiki/The_Information_Age:_Economy,_Society_and_Culture`

——: *La Era de la Información. Vol. III:: Fin de Milenio.* Siglo XXI Editores, México, Distrito Federal, 2001b.
`https://en.wikipedia.org/wiki/The_Information_Age:_Economy,_Society_and_Culture`

——: *La Galaxia Internet. Reflexiones sobre Internet, empresa y sociedad.* Areté, Madrid, 2001c.

——: *La Era de la Información. Vol. I: La Sociedad Red.* Siglo XXI Editores, México, Distrito Federal, 2002.
`https://en.wikipedia.org/wiki/The_Information_Age:_Economy,_Society_and_Culture`

CASTELLS, MANUEL y HIMANEN, P.: *El estado del bienestar y la sociedad de la información. El modelo finlandés.* Alianza Editorial, Madrid, 2002.

CESEDEN, CENTRO SUPERIOR DE ESTUDIOS DE LA DEFENSA NACIONAL: *Los Sistemas No Tripulados.* Número 47 en DOCUMENTOS DE SEGURIDAD Y DEFENSA. DOCUMENTOS DE SEGURIDAD Y DEFENSA, 2012a.
`http://www.defensa.gob.es/ceseden/Galerias/destacados/publicaciones/docSegyDef/ficheros/047_LOS_SISTEMAS_NO_TRIPULADOS.pdf`

——: *Tecnologías Asociadas a Sistemas de Enjambres de microUAV.* Número 49 en DOCUMENTOS DE SEGURIDAD Y DEFENSA. DOCUMENTOS DE SEGURIDAD Y DEFENSA, 2012b.
http://www.defensa.gob.es/ceseden/Galerias/destacados/publicaciones/docSegyDef/ficheros/
049_TECNOLOGIAS_ASOCIADAS_A_SISTEMAS_DE_ENJAMBRES_DE_uUAV.pdf

CHUVIECO, EMILIO; BOSQUE, JOAQUÍN; PONS, XAVIER; CONESA, CARMELO; SANTOS, JOSÉ MIGUEL; GUTIÉRREZ PUEBLA, JAVIER; SALADO, MARÍA JESÚS; MARTÍN, MARÍA PILAR; DE LA RIVA, JUAN; OJEDA, JOSÉ y PRADOS, MARÍA JOSÉ: «¿Son las Tecnologías de la Información Geográfica (TIG) parte del núcleo de la Geografía?» *Boletín de la A.G.E.*, 2005, **(N.º 40)**, pp. págs. 35–55.
http://boletin.age-geografia.es/articulos/40/02-SON%20LAS%20TECNOLOGIAS.pdf

COMAS, RUBÉN y SUREDA, JAUME: «Ciber-Plagio Académico. Una aproximación al estado de los conocimientos», 2007. ISSN 1577-3760 - Número 10 - Temática Variada.

> RESUMEN: La irrupción de las tecnologías de la información y la comunicación (TIC) ha provocado o facilitado importantes cambios que no pueden valorarse de forma positiva. Es el caso del llamado ciber-plagio académico. Adoptar y presentar como propias ideas, teorías e hipótesis de otros no es algo nuevo, pero las tecnologías asociadas a la Sociedad de la Información (SI), sobre todo Internet y más concretamente el World Wide Web (WWW), facilitan enormemente esta práctica éticamente reprobable y académicamente incorrecta.

http://www.cibersociedad.net/textos/articulo.php?art=121

CRIADO, MIGUEL ÁNGEL: «¿Hacia una era digital oscura?» *El País - Tecnología*, 2015.

> RESUMEN: Buena parte de la información generada en esta era será inaccesible para las generaciones futuras por el deterioro de los datos, la obsolescencia tecnológica o las leyes del 'copyright'

http://tecnologia.elpais.com/tecnologia/2015/02/27/actualidad/1425053335_288538.html

DE KERCKHOVE, DERRICK: *La piel de la cultura. Investigando la nueva realidad electrónica*, 1999.

DE SAINT-EXUPÉRY, ANTOINE: *El Principito*, 1943.

DELGADO LÓPEZ-CÓZAR, E.: «Cómo difundir y medir el impacto de la investigación en Educación: viejos problemas, nuevos horizontes.», 2013. XVI Congreso Nacional y II Internacional de Modelos de Investigación Educativa: "Investigación e innovación educativa al servicio de instituciones y comunidades globales, plurales y diversas". Alicante, 4-6 de septiembre, 2013..
http://hdl.handle.net/10481/28571

DELGADO URRECHO, JOSÉ: «CIBERGEOGRAFIA». Departamento de Geografía. Universidad de Valladolid, 2010.
http://www.fyl.uva.es/joseweb/cibergeo/ciber00.htm

DESARROLLOWEB.COM: «Adaptación de una web a las leyes LOPD y LSSICE». Web Site, 2007.
http://www.desarrolloweb.com/articulos/adaptar-web-a-lopd-lssice.html

DODGE, MARTIN: «The Geography of Cyberspace Directory». Cyber-Geography Research, Department of Geography, University of Manchester., 2010.
http://personalpages.manchester.ac.uk/staff/m.dodge/cybergeography/geography_of_
cyberspace.html

DURÁN FERRERAS, AFONSO: *Modelado, Control y Percepción en Sistemas Aéreos Autónomos.* Trabajo fin de máster, Escuela Superior de Ingenieros. Universidad de Sevilla, 2012.
http://bibing.us.es/proyectos/abreproy/70314/direccion/Memoria%252F

EDUCACIÓN VIRTUAL, REVISTA DE: «¿Deben los estudiantes usar Wikipedia?», 2014.
http://revistaeducacionvirtual.com/archives/1152

ELLI, ETEPHEN R.: «What Are Virtual Environments?» *NASA Ames Research Center*, 1993, **Virtual Reality**.

> RESUMEN: Virtual environment displays arose from vehicle simulation and teleoperations technology of the 1960s. This article addresses some of the questions facing this technology and its commercial development.

http://human-factors.arc.nasa.gov/publications/ellis_what_ve.pdf

ERSG, EUROPEAN RPAS STEERING GROUP: «Roadmap for the integration of civil Remotely-Piloted Aircraft Systems into the European Aviation System», 2013, p. 16.

FANJUL, SERGIO C.: «El humano del futuro da miedo». Web Site, 2015.

> RESUMEN: Ni cíborgs ni replicantes de 'Blade Runner'. Lo que está por venir es mucho más inquietante

http://elpais.com/elpais/2015/10/14/buenavida/1444816379_988339.html

GADAL, SÉBASTIEN y JEANSOULIN, ROBERT: «Borders, frontiers and limitis : some computational concepts beyond words». Cybergeo : European Journal of Geography [En ligne], 2000.
http://www.cybergeo.eu/index4349.html

GALOPAX: «Foto: Arte y Técnica», 2015a. [Online; accessed 6-January-2016].
http://wikimas.skeye2k.org/docu2k/foto2k/tecnica

——: «Foto2k», 2015b. [Online; accessed 6-January-2016].
http://wikimas.skeye2k.org/docu2k/foto2k/foto2k

GEOGRÁFICA, REAL SOCIEDAD: *BOLETÍN de la Real Sociedad Geográfica.* volumen Tomo CL (2014-2015). Real Sociedad Geográfica, 2015.
http://www.realsociedadgeografica.com/es/pdf/BOLETIN_RSG_CL_2014_2015BajaResolucion.pdf

GUIZA EZKAURIATZA, MILAGROS: *Trabajo Colaborativo en la Web: Entorno Virtual de Autogestión para Docentes.* Tesis doctoral, Universitat de les Illes Balers, 2011.
http://www.tdr.cesca.es/bitstream/handle/10803/59037/tmge1de1.pdf?sequence=1

HILTON, BRIAN N.: *Emerging Spatial Information Systems and Applications.* IDEA Group pubiIShing, 2007. Claremont Graduate University, USA.

IEA, INTERNATIONAL ERGONOMICS ASSOCIATION: «Cognitive Ergonomics». Web Site, 2016.
http://www.iea.cc/whats/index.html

IZQUIERDO Y CROSELLES, JUAN y IZQUIERDO Y CROSELLES, JOAQUÍN: *Compendio de Geografía Universal,* 1917a.
http://wikimas.skeye2k.org/lib/exe/fetch.php/docu2k/biblio2k/compendio_de_geografia_universal_prologo.pdf

——: *Texto-Atlas de Geografía General,* 1917b.
http://realbiblioteca.patrimonionacional.es/cgi-bin/koha/opac-detail.pl?biblionumber=39994&query_desc=au:Izquierdo%20y%20Croselles,%20Juan

KEMP, KAREN K.: *Encyclopedia of geographic information science.* SAGE Publications, Inc., 2008.

KORSTANJE, MAXIMILIANO: «Tesis doctorales ¿Qué son y para que sirven?» *Atlante. Cuadernos de Educación y Desarrollo,* 2013.
http://atlante.eumed.net/tesis-doctorales/

KUNY, TERRY: «A Digital Dark Ages? Challenges in the Preservation of Electronic Information». *Workshop: Audiovisual and Multimedia joint with Preservation and Conservation, Information Technology, Library Buildings and Equipment, and the PAC Core Programme,* 1997.

> RESUMEN: 6633RD IFLA Council and General Conference Workshop: Audiovisual and Multimedia joint with Preservation and Conservation, Information Technology, Library Buildings and Equipment, and the PAC Core Programme, September 4, 1997 XIST Inc. / UDT Core Programme email: terry.kuny@xist.com

`http://archive.ifla.org/IV/ifla63/63kuny1.pdf`

LAMARCA, M. J.: *Hipertexto: el nuevo concepto de documento en la cultura de la imagen.* Página web, http://www.hipertexto.info, 2006.

> RESUMEN: Tesis doctoral sobre hipertexto, el nuevo concepto de documento en la cultura de la imagen. Autora: María Jesús Lamarca Lapuente. Tema: Biblioteconomía y Documentación.

`http://www.hipertexto.info`

LANILLOS PRADAS, PABLO: *Sistema de identificación y seguimiento de superficies geográficas basadas en UAV con visión artificial.* Tesina o Proyecto, Universidad Complutense de Madrid. Facultad de Informática. Departamento de Arquitectura de Computadores y Automática, Madrid, 2008.
`http://eprints.ucm.es/10037/1/TrabajoInvestigacion%5BMaster2008%5DPabloLanillos.pdf`

LOPEZ-PALACIOS, ABELARDO: «Tecnología, Usos y Aplicaciones de Sistemas Aéreos Pilotados Remotamente (RPAS)». Web Site, 2014a.
`http://co3jornadasrpas.geo-lab.info`

——: «XII Seminario de Cultura Militar y Aeronáutica / III Jornadas en Tecnologías de Doble Uso». Web Site, 2014b.
`http://3jornadastdu.geo-lab.info/`

LÉVY, PIERRE: *¿Qué es lo virtual?* PAIDÓS, 1995. 1995 versión original, Francés. 1998 traducción castellano. 126 páginas PDF.
`http://www.hechohistorico.com.ar/archivos/taller/levy%20pierre%20-%20que%20es%20lo%20virtual.pdf`

——: «Le nouveau rapport au savoir», 1997.
`http://caosmose.net/pierrelevy/pierrecyberedu.html`

——: «Sur les chemins du virtuel», 2006.
`http://hypermedia.univ-paris8.fr/pierre/virtuel/virt0.htm`

MARTÍN, JAVIER: «Buscando un guardián para la nube». Web Site, 2013.

> RESUMEN: Para el ciudadano medio, el problema no es tanto quién le espía sino a quién cede datos voluntariamente. Hay dudas sobre quién y cómo debe gestionar nuestra información privada

`http://sociedad.elpais.com/sociedad/2013/11/14/actualidad/1384383731_820058.html`

MEREJO, ANDRÉS : «El Cibermundo como revolución Tecnológica, Científica y Filosófica». *Eikasia Revista de Folosofía*, 2014, **(127)**.
`http://revistadefilosofia.com/58-05.pdf`

PARUNAK, H. VAN DYKE; BRUECKNER, SVEN A. y ODEL, JAMES J.: «SWARMING COORDI-NATION OF MULTIPLE UAV?S FOR COLLABORATIVE SENSING». *AIAA Unamanned Unlimited Systems Technologies and Operations Aerospace Lans and Sea Conference and Workshop*, 2003.
`https://activewiki.net/download/attachments/6258699/AIAA03.pdf`

PAÍS, EL: «Una mirada instantánea y distinta de la Tierra.», 2010.
`http://www.elpais.com/articulo/sociedad/mirada/instantanea/distinta/Tierra/elpepusoc/20100220elpepusoc_1/Tes`

PERFILES IDS: «Sistemas No Tripulados», 2012.
`http://www.infodefensa.com/publlicaciones/perfiles_sistemas_no_tripulados/index.html`

PERLES ROSELLÓ, MARÍA JESÚS: «Perspectivas Actuales en la Geografía Física: Problemas Heredados y Posibilidades de Cambio». *Encuentros en la Biología*, 2005, **100(100)**, pp. 13–14.
`http://www.encuentros.uma.es/`

PINTO-MOLINA, MARÍA: «Electronic Content Management Skills». Web Site, 2004. Fecha de actualización 13/12/2015.
`http://www.mariapinto.es/e-coms/calidad-y-evaluacion-de-los-contenidos-electronicos/`

PÉREZ MACHADO, REINALDO PAUL: «Nuevas tecnologías en la geografía contemporánea: consideraciones sobre un debate español», 2009. Vol. XIV, nº 809.
http://www.ub.edu/geocrit/b3w-809.htm

RIVAS, LAURA: «Memorias de puño y letra», 2015.

> RESUMEN: Dentro de 10 años no conservaremos los correos electrónicos sobre determinados sucesos. ¿Cómo contaremos entonces nuestra historia?

http://elpais.com/elpais/2015/03/19/eps/1426791877_892059.html

ROMERO MEDINA, AGUSTÍN: «Documentación disponible sobre Ergonomía Cognitiva». Web Site, 2000.
http://www.um.es/docencia/agustinr/pca/bibl/bibErCg.htm

RUFAT, SAMUEL; TER MINASSIAN, HOVIG y TER MINASSIAN, HOVIG: «Video games and urban simulation: new tools or new tricks?» [En ligne], 2012. Science et Toile, document 622.

> RESUMEN: , , mis en ligne le 19 octobre 2012, consulté le 31 décembre 2015. URL : ; DOI : 10.4000/cybergeo.25561

http://cybergeo.revues.org/25561

SOICHI: «Twitpic / AstroSoichi», 2010.

> RESUMEN: Twitter y astronauta Soichi about an hour ago from site

http://twitpic.com/photos/Astro_Soichi

SOULAGES, FRANÇOIS: «Para una nueva filosofía de la imagen». *Revista de filosofía y teoría política*, 2013, **0(39)**, pp. 95–112. ISSN 2314-2553.
http://www.rfytp.fahce.unlp.edu.ar/article/view/RFyTPn39a04

TAYLOR, FRASER: *Cybercartography: theory and practice*. ELSEVIER, 2005.
https://www.elsevier.com/books/cybercartography/taylor/978-0-444-51629-9

TDR:. «Tesis Doctorales en Red (TDR)».

> RESUMEN: TDR (Tesis Doctorales en Red) es un repositorio cooperativo que contiene, en formato digital, tesis doctorales leídas en las universidades de Catalunya y otras comunidades autónomas.

http://www.tesisenred.net/

TONGE, JOANNA; MOORE, SUSAN; RYAN, MARIA y BECKLEY, LYNNATH: «Using Photo-Elicitation to Explore Place Attachment in a Remote Setting». *The Electronic Journal of Business Research Methods*, 2013.
http://www.ejbrm.com/volume11/issue1

UNIVERSIDAD DE GRANADA, OFICINA WEB DE LA: «Accesibilidad del sitio web». Web Site, 2015.
http://ofiweb.ugr.es/static/Validador

VALERO TORRIJOS, JULIÁN; DE LA VEGA, FERNANDO; FERNÁNDEZ SALMERÓN, MANUEL; PLANA ARNALDOS, Mª CARMEN y ANDREU MARTÍNEZ, Mª BELÉN: «Introducción a la protección jurídica de los datos de carácter personal». Web Site, 2015.
https://miriadax.net/web/introduccion-a-la-proteccion-juridica-de-los-datos-de-caracter-personal

VÁZQUEZ, ANTONIO y CELAYA, JAVIER: «Cronología de la edición digital. 100 años de evolución tecnológica.», 2012.

> NOTAS: Ministerio de Educación, Cultura y Deporte. Gobierno de España

http://www.mcu.es/libro/docs/MC/Observatorio/pdf/cronologia_ediciondigital.pdf

WIKIPEDIA: «Synthetic environment — Wikipedia, The Free Encyclopedia», 2012. [Online; accessed 6-January-2016].
https://en.wikipedia.org/w/index.php?title=Synthetic_environment&oldid=522241875

———: «Derrick de Kerckhove — Wikipedia, La enciclopedia libre», 2014. [Internet; descargado 28-diciembre-2015].
https://es.wikipedia.org/w/index.php?title=Derrick_de_Kerckhove&oldid=77782706

———: «Accesibilidad web — Wikipedia, La enciclopedia libre», 2015a. [Internet; descargado 28-diciembre-2015].
https://es.wikipedia.org/w/index.php?title=Accesibilidad_web&oldid=87336695

———: «Cognitive ergonomics — Wikipedia, The Free Encyclopedia», 2015b. [Online; accessed 5-January-2016].
https://en.wikipedia.org/w/index.php?title=Cognitive_ergonomics&oldid=690946882

———: «Immersion (virtual reality) — Wikipedia, The Free Encyclopedia», 2015c. [Online; accessed 7-January-2016].
https://en.wikipedia.org/w/index.php?title=Immersion_(virtual_reality)&oldid=697174066

———: «Modeling and simulation — Wikipedia, The Free Encyclopedia», 2015d. [Online; accessed 6-January-2016].
https://en.wikipedia.org/w/index.php?title=Modeling_and_simulation&oldid=696659931

———: «Moore's law — Wikipedia, The Free Encyclopedia», 2015e. [Online; accessed 7-January-2016].
https://en.wikipedia.org/w/index.php?title=Moore%27s_law&oldid=694329562

———: «Simulation — Wikipedia, The Free Encyclopedia», 2015f. [Online; accessed 7-January-2016].
https://en.wikipedia.org/w/index.php?title=Simulation&oldid=697438399

———: «Consensus reality — Wikipedia, The Free Encyclopedia», 2016a. [Online; accessed 7-January-2016].
https://en.wikipedia.org/w/index.php?title=Consensus_reality&oldid=697793700

———: «Technological singularity — Wikipedia, The Free Encyclopedia», 2016b. [Online; accessed 7-January-2016].
https://en.wikipedia.org/w/index.php?title=Technological_singularity&oldid=698057353

WILSON, JOHN P. y FOTHERINGHAM, A. STEWART: *The Handbook of Geographic Information Science.* Blackwell Publishing Ltd, 2008.

PARTE II

4 EcoSistema Digital de Investigación y Difusión del Conocimiento

Para el desarrollo de esta Tesis Doctoral Virtual **TesisALP** se propone y ejecuta la instalación y configuración de los elementos necesarios que permitan el *"proceso lógico de instrucciones para la gestión de datos en una máquina computadora"*, en un **Máquina Virtual − VM −**, posibilitando la constitución de un **"Eco Sistema Digital de Investigación y Difusión del Conocimiento"**.

Esta estructuración permite considerar **TesisALP** como un "Dispositivo de Investigación y Difusión del Conocimiento" −**DIDiC**− integrado en **WikiM**, actuando esta como el **SaaS** −Software as a Service− que lo soporta.

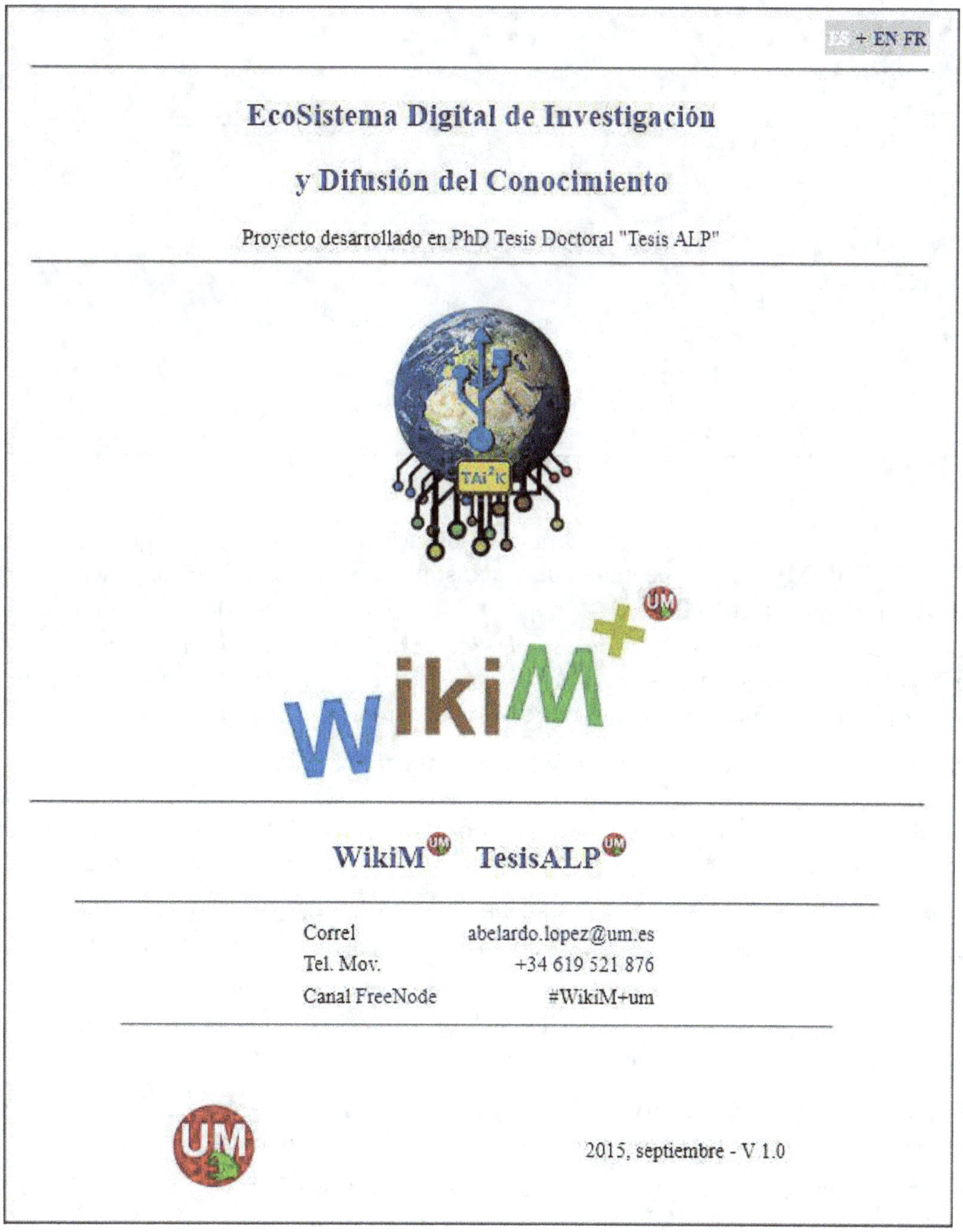

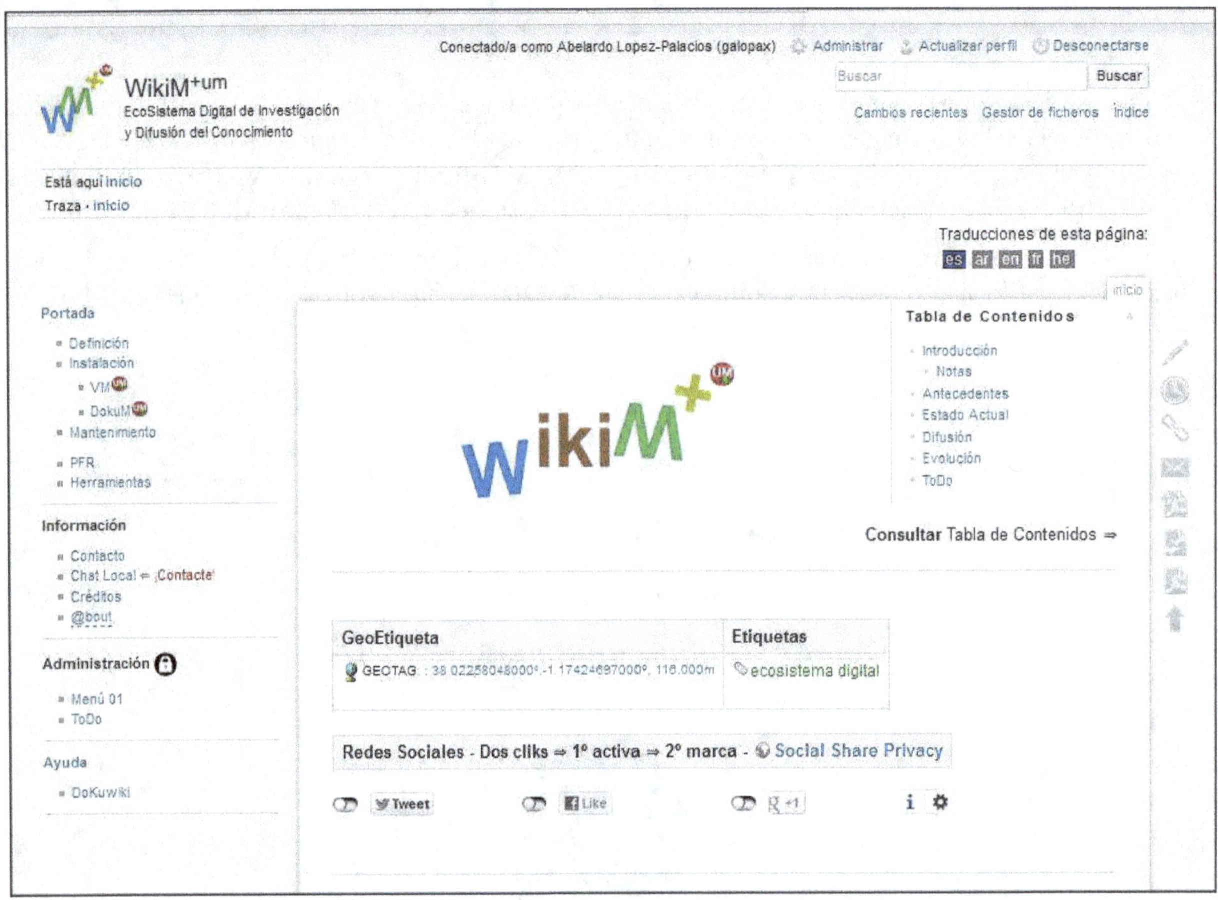

Para el establecimiento de esta "estructura lógica", de este SaaS, que se nombra como **WikiM**$^{+um}$, **WikiM**, "más que una Wiki", se instala en la Máquina Virtual **VM** una distribución del CMS −Content Management System− Sistema de Gestión de Contenidos DokuWiki, ''*software para gestión de webs colaborativas de tipo wiki, escrito en lenguaje de programación PHP y distribuido en código abierto bajo la licencia GPL"* en el que, *"la información se almacena en* **archivos de texto planos**, *por lo que no requiere el uso de una base de datos".*

Esta distribución, **DokuM**$^{+um}$, **DokuM**, se configura como una "granja" en la que poder ser alojados distintos "animales", en la nomenclatura Wiki, una instalación "padre", con una configuración de elementos básicos, plugins y otros, que son usados por los "hijos", sin necesitar una configuración en cada caso, como **TesisALP**, un ejemplo práctico y aplicado de esta **estructura computacional**.

La elección de esta distribución, entendida como ''conjunto de software específico", se toma en razón de varias considerciones, siendo la principal la existencia, en el ámbito de la Universidad de Murcia, del recurso Webs, basado en esta distribución DokuWiki, lo cual, junto con el uso de "archivos planos de texto", puede facilitar el acceso, el uso, la interoperatividad, de esta herramienta al personal adscrito a esta Universidad.

El empleo de este recurso, a nivel de usuario, junto con otros recursos, como LaTeX, pueden posibilitar el acceso a un **nivel primario en competencias digitales**, **N@L 1**.

Un **N@L 2** podría ser considerado en el tratamiento y gestión de Bases de Datos, PostGIS, en Información Geográfica Digital asociada, pudiendo considerarse un **N@L 3** la administración de Máquinas Virtuales y elementos asociados, todos las anteriores y bastantes más.

Estos aspectos de **Niveles de Alfa**(betización) **Digital** pueden ser ampliados en estudios posteriores, siendo estas anotaciones unas simples notas orientadoras, fundamentadas en el concepto **"quien no computa no compite"**, tan presente y necesario para la correcta actividad del@ Nuevo@ Observado@r.

4.1 Estructura Computacional

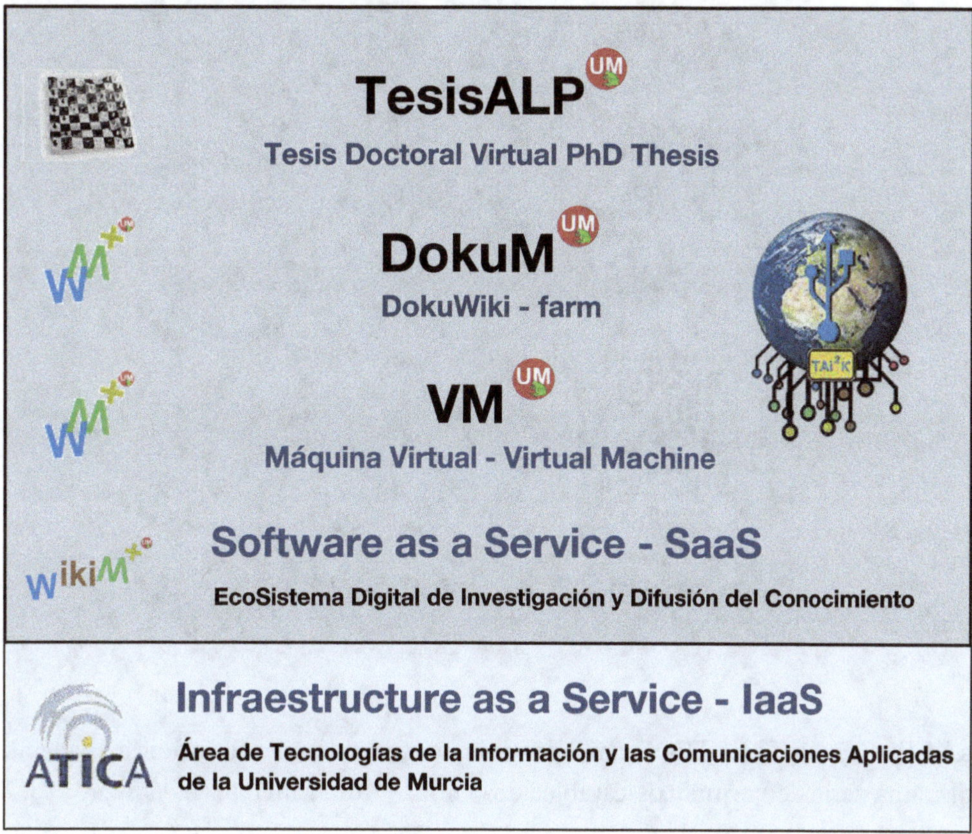

La **estructura computacional** en que se basa **TesisALP** es la mostrada en la **figura anterior**, habiendo sido desarrolladas **todas las fases** incluidas en el **área superior** al **amparo** de esta Tesis Doctoral Virtual, como SaaS, **basándose** en la infraestructura y soporte del Área de Tecnologías de la Información y las Comunicaciones Aplicadas (ATICA) de la Universidad de Murcia, **actuando** esta como IaaS.

La estructura **WikiM**, en futuros desarrollos, podría ser **complementada** con otros recursos a instalar en la Máquina Virtual **VM** orientados a la Gestión Integral de la Información Geográfica Digital, con una clara orientación a estudios Geográficos y de Ciencias de la Tierra y el Espacio, como PostGIS, QGIS+GRASS, MapServer y otros, aspectos no desarrollados por disponibilidad de tiempo y, como se señala en los últimos párrafos de la página anterior, en la idea de no actuar, en este momento, en relación con Bases de Datos.

Esta estructura es desarrollada en recurso externo WikiM como parte de **TesisALP**.

NOTA DE ACTUALIZACIÓN: La estructura expuesta se modifica en la Versión 4.0, tras la supresión de los servicios de la Universidad de Murcia, estableciéndose una configuración **WikiM** que engloba **TesisALP** como elemento de la granja que soporta **DokuM**, actuando el ISP OVH como IaaS, no siendo necesario, en este estadio, el establecimiento de Máquina Virtual − VM.

4.2   Estructura de Depósito y Acceso

TesisALP, como **Tesis Doctoral Virtual** que pretende ser **reconocida** académicamente, ha de **cumplir** una serie de **requisitos** establecidos en la **normativa** vigente en la U. de Murcia.

Esta norma establece el **depósito** de un ejemplar **encuadernado** de acuerdo a esa normativa, **acompañado** de un CD-ROM/ DVD en que se encuentre el **documento electrónico** que contiene ese ejemplar en **formato** PDF.

TesisALP es **depositada** de acuerdo a esas normas, acompañada de dos CDs:

- CD 1 de 2, que contiene el **documento electrónico** que conforma ese ejemplar en **formato** PDF, junto con un resumen en Castellano e Inglés, formato TXT

- CD 2 de 2, con una imagen de la **totalidad** de la **estructura** y **contenido** disponible en las **extintas** **direcciones** Web http://wikimas.atica.um.es/doku/ y http://wikimas.atica.um.es/tai2k/tesisalp/, ambas **accesibles** en modo **Digital Local**, según **indicaciones** contenidas en Lectura fuera de línea, página 87.

Esta estructura es ampliada en el Capítulo Singularidades − Formato Dual, página 37.

NOTA: Todos los **enlaces** señalados con el icono dirigen a **direcciones exteriores** en el dominio **um.es**, en Red, en **Internet**, dada la dificultad de determinar un acceso local a una ubicación desconocida. Estos accesos son **restringidos** hasta la defensa de la Tesis Doctoral y publicación de los Sitios Web, por lo que se **aconseja** el uso del modo de "Lectura fuera de línea".

4.3   Definición

WikiM, como EcoSistema Digital de **Investigación** y **Difusión** del **Conocimiento**, desde una concepción **Cooperativista**[3] y con una **primaria** orientación hacia las **Ciencias** de la Tierra y el Espacio, **pretende** conformar un "dispositivo" compuesto por los siguientes **elementos**:

- Una Máquina Virtual −**VM**− que, actuando como **servidor**, permita el acceso a lo@s usuario@s autorizados y donde puedan **disponer** de las herramientas SW adecuadas para la realización de sus labores de investigación − AMPLIAR

- Una **distribución** DokuM^{+um} −**DokuM**− sobre una **instalación** base de DokuWiki, esta Wiki, donde poder acceder a **recursos** informativos y formacionales, como **manuales** de uso, **herramientas** aconsejadas, quizás usadas en **otras** investigaciones, recursos que en un **proceso** de Realimentación, de Feedback, permitan un **avance** "común" y "rápido" del EcoSistema Digital y, finalmente, **ayuden** a desarrollar de la mejor manera las **investigaciones**

- **Esta** distribución **DokuM** está **dotada** de lo que se denomina como "granja", "farm", como **dispositivo** en el que **desarrollar** procesos de **Difusión** de **métodos** y **resultados** de las investigaciones realizadas con los recursos mencionados, **junto** con aquellos que sean adecuados o necesarios

Esta **"granja"**, que se propone como de "Trabajos Académicos innovadores e implementados 2κ", en favor del Conocimiento −**TAi**$^2\kappa$ −**TAi2**κ−, podrá **desarrollarse** en ese **EcoSistema Digital de Investigación y Difusión de Conocimiento**, **constituir** un "EcoSistema Digital de Investigación y Difusión del Conocimiento".

Finalmente, y en razón del nombre, la **idea** y el concepto **"WikiM$^+$, más que una Wiki"**, se contempla la **implementación** de otros recursos en la estructura de Máquina virtual VM^{+um} como servidor −ya se ha apuntado en el primer item− en el que la **integración** de todos ellos **reporte** una herramienta, un "Dispositivo de Investigación y Difusión del Conocimiento" −**DIDiC**− para uso de la sociedad, de la Universidad de Murcia.

Esta Idea, este **EcoSistema Digital** de **Investigación y Difusión del Conocimiento**, se **encuadra** en la Tesis Doctoral "Una Nueva Realidad para un Nuevo Observador. La Geografía en el S. XXI" que desarrolla Abelardo Lopez-Palacios en TesisALP.

NOTA: EcoSistema Digital **NO** puede ser entendido, **de ninguna manera**, con la **única acepción** que se encuentra en WP ES, **vinculada** con marketing en línea, **sino** con **acepciones** que se **encuentran** en Digital ecosystem, entre ellas Knowledge ecosystem.

NOTA: En TAi2κ puede ampliar, de modo introductorio, información sobre la propuesta de Trabajos Acdémicos innovadores e implementados en favor del Conocimiento, **TAi2**κ

---

[3]Se entiende Cooperativo desde la perspectiva de la cooperación con un fin común, en una cierta "oposición" a Colaborativo, aunque también pudiera ser válido este término. Consultar Colaborar vs. Cooperar en el aula

4.4 Desarrollo

La **idea** última es que cualquier **TAi2κ** y/o proyecto recogido en **WikiM** disponga de una "estructura" de soporte −IaaS + SaaS− con los recursos adecuados y **permitiendo**, finalmente, trabajar contra un servidor remoto sin necesidad de configuración e instalación de recursos.

Sería un "trabajo" ya hecho, mantenido y actualizado, y **puesto a disposición de la comunidad** UM, comenzando por su Departamento de Geografía y otros relacionados con las Ciencias de la Tierra, al tener una clara vocación de soporte al estudio e investigación, el Conocimiento, de las mismas, específicamente en áreas de:

- Ingeniería Geográfica

- GeoInteligencia

Este desarrollo permitiría lo que *"en una concepción moderna de la* máquina virtual *y del despliegue de servicios sobre* IaaS *lo oportuno es tratar la* **máquina virtual** *como un recurso* **montado sobre una commodity**, *es decir, que* **no importa** *en qué tipo de nube está,* **con qué** *software de virtualización, ni* **con qué** *hardware (intel, amd, etc..). Estas son preguntas que la* **comunidad de usuarios cloud** *no se hace cuando trabajan.* **La virtualización sirve** *para homogeneizar el hardware, favorecer el transporte de* IaaS *a otro pero* **también** *para poder obviar detalles del hardware. Se suele hacer estas cuestiones* **quien** *hace un uso intensivo para cálculo, renderizado o cualquier otro aplicativo que explota alguna característica hardware específica"* según comentario realizado por José Francisco Hidalgo Céspedes, Responsable de Seguridad y Certificación, Sección de Seguridad y Sistemas ATICA.

Así, la estructuración propuesta **permitiría** a la "comunidad de usuarios cloud", del DIDiC, de este EcoSistema Digital, **disponer** de esos recursos, esas capacidades, **dedicando** sus energías, sus esfuerzos, a su **labor principal**: aprender, investigar y difundir sus conocimientos.

NOTA: Ver DIDiC, página 106, para complementar información sobre "Dispositivo de Investigación y Difusión del Conocimiento". **Pulsar** sobre la imagen siguiente para Virtual Machine **VM**.

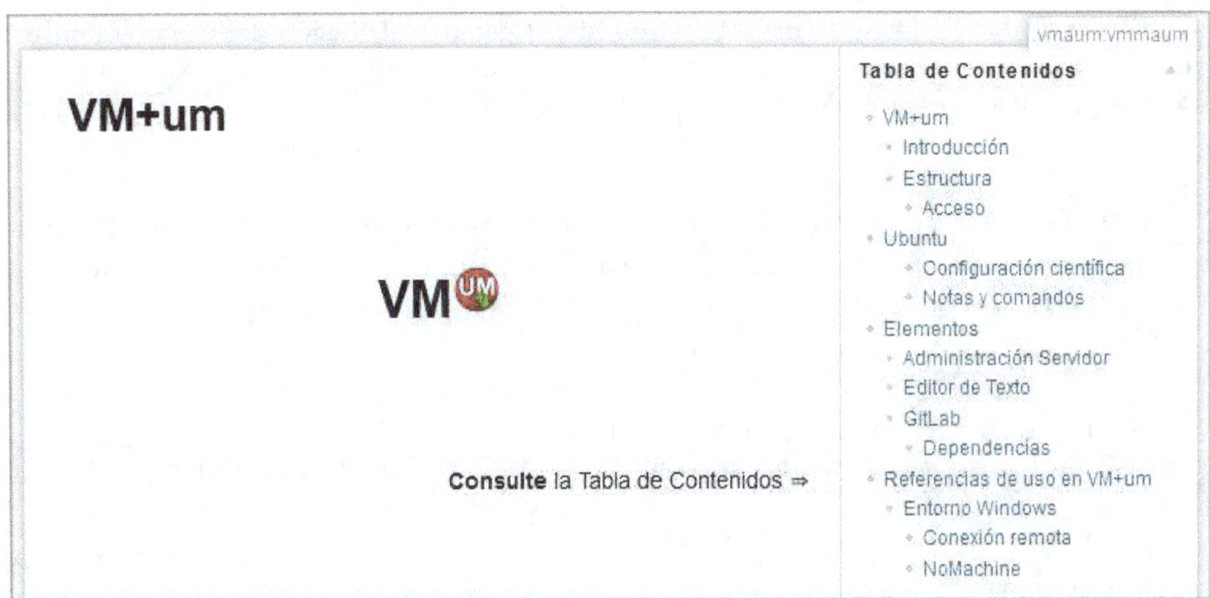

4.5   DokuM^{+um}

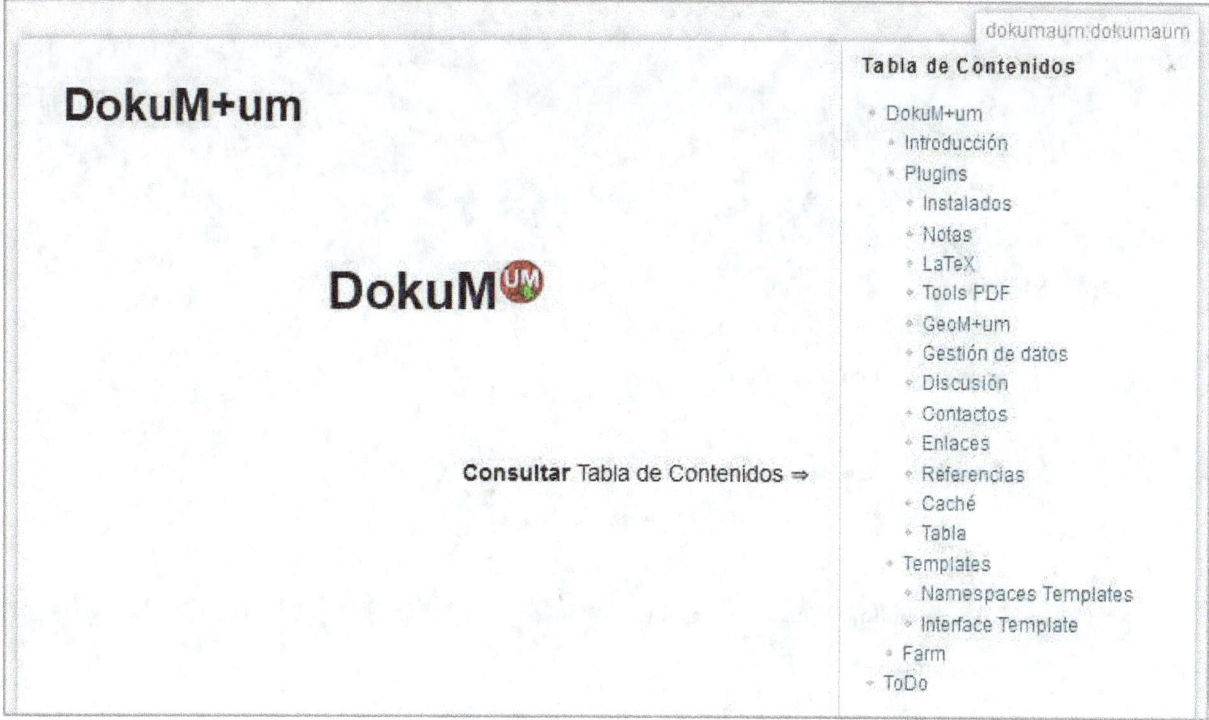

La **instalación** de una distribución de software del estilo de DokuWiki **no** consiste en la simple descarga de un **fichero** instalable y, quizás, complementarlo con **alguna** extensión, **algún** plugin.

En **primer lugar**, por que se instala en un **servidor**, remoto o local, lo cual ya requiere de la **existencia** previa de ese servidor en el que **"instalar"** DokuWiki.

En **segundo lugar**, porque las capacidades de **personalización**, partiendo de una **primera** "distribución" dotada de los **elementos** que podríamos denominar como "básicos", **"centrales"**, es muy **amplia**, según los intereses −**plugins**−, idiosincrasia y gustos − templates− así como un sin fin de **opciones** que llevan, pueden llevar, a una **personalización exhaustiva**.

Como **referencia** de estas capacidades resulta conveniente **consultar** el enlace DokuWiki Installation en el que se podrá **obtener** una idea de las **posibilidades** de instalación, necesidades y **complejidad** de la misma, lo que ha de **permitir** la toma de la **decisión** adecuada.

NOTA: Puede **ampliar información**, según se detalla en figura anterior, Tabla de Contenidos, en su **instalación local** −Lectura Fuera de Línea − página 87− o **en** DokuM^{+um}.

4.6 Tamaño del EcoSistema Digital

Refresh system information

System Information

System hostname	wikimas.atica.um.es (127.0.1.1)
Operating system	Ubuntu Linux 14.04.2
Webmin version	1.770
Time on system	Mon Dec 21 12:08:56 2015
Kernel and CPU	Linux 3.13.0-74-generic on x86_64
Processor information	Intel(R) Xeon(R) CPU E5620 @ 2.40GHz, 2 cores
System uptime	0 hours, 18 minutes
Running processes	158
CPU load averages	0.27 (1 min) 0.28 (5 mins) 0.15 (15 mins)
CPU usage	2% user, 2% kernel, 0% IO, 97% idle
Real memory	1.13 GB used, 7.80 GB total
Virtual memory	0 bytes used, 8 GB total
Local disk space	9.56 GB used, 21.51 GB total
Package updates	1 package updates are available

What is Webmin?

Webmin is a web-based interface for system administration for Unix. Using any modern web browser, you can setup user accounts, Apache, DNS, file sharing and much more. Webmin removes the need to manually edit Unix configuration files like /etc/passwd, and lets you manage a system from the console or remotely. See the standard modules page for a list of all the functions built into Webmin.

2015-11-24 20:13:12
WikiM

Tamaño del Sitio

Namespace	Size
pages/	731.23 KB
attic/	8.91 MB
media/	**132.7 MB**
media_attic/	5.41 MB
meta/	4.56 MB
media_meta/	17.46 KB
cache/	8.34 MB
index/	509.72 KB
locks/	2.67 KB
tmp/	0 B
Sum	**161.16 MB**

pages/	contiene las páginas, núcleo fundamental del DIDiC
attic/	versiones anteriores de las páginas
media/	contiene los ficheros media (imágenes, PDFs, ...)
media_attic/	versiones anteriores de los ficheros media
meta/	contiene meta información sobre las páginas (cuando se crearon, suscripciones, ...)
media_meta/	meta datos sobre ficheros media
resto de ficheros de gestión - cache, temporales ...	

5 Portal Web

Página principal de acceso a **TesisALP**

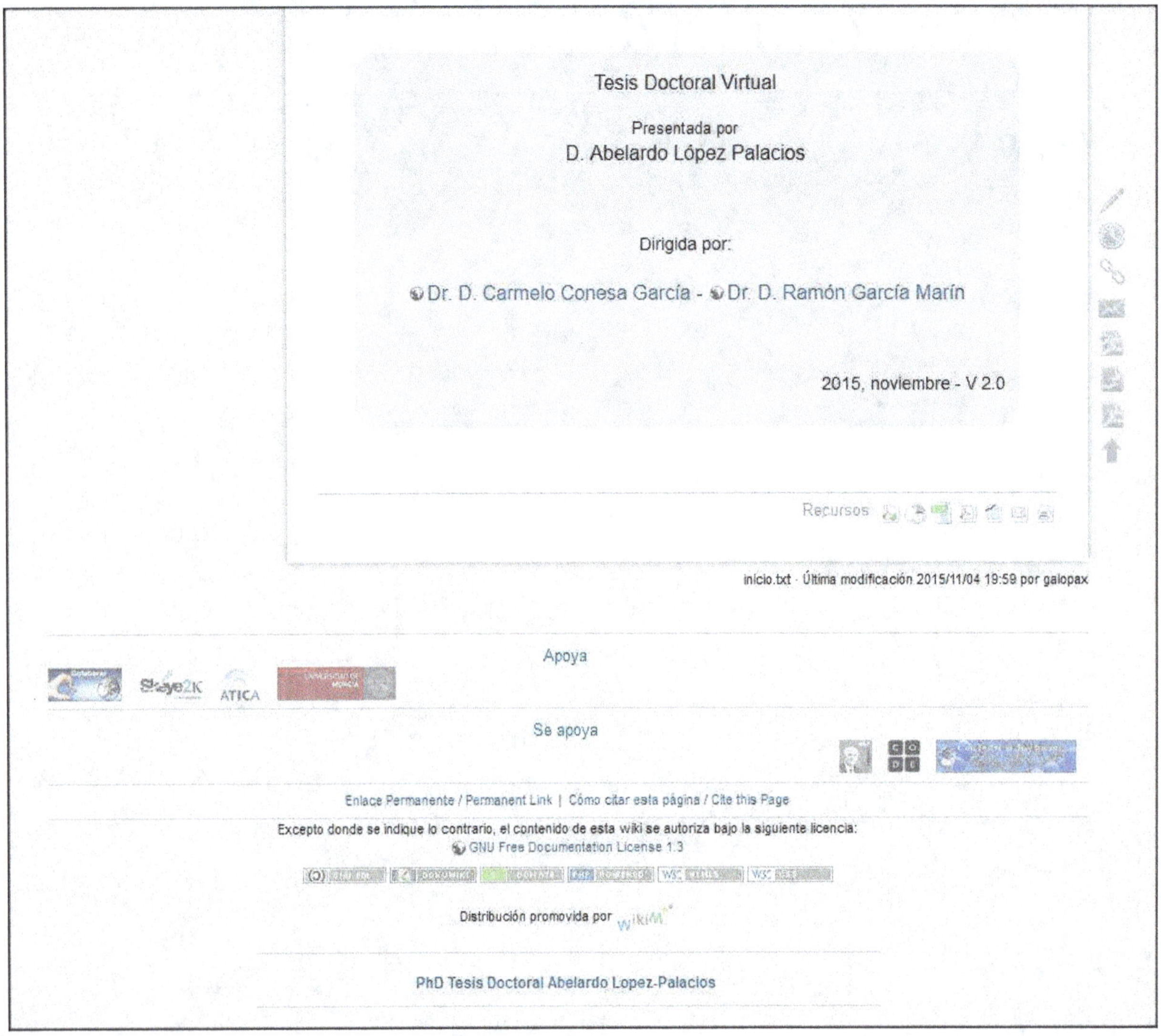

Tesis Doctoral Virtual

Presentada por
D. Abelardo López Palacios

Dirigida por:

Dr. D. Carmelo Conesa García - Dr. D. Ramón García Marín

2015, noviembre - V 2.0

Recursos

inicio.txt · Última modificación 2015/11/04 19:59 por galopax

Apoya

Skeye2K   ATICA   UNIVERSIDAD DE MURCIA

Se apoya

Enlace Permanente / Permanent Link | Cómo citar esta página / Cite this Page

Excepto donde se indique lo contrario, el contenido de esta wiki se autoriza bajo la siguiente licencia:
GNU Free Documentation License 1.3

Distribución promovida por wikiM

PhD Tesis Doctoral Abelardo Lopez-Palacios

Página principal de acceso a **TesisALP**

6   Distribución de la Presente Edición

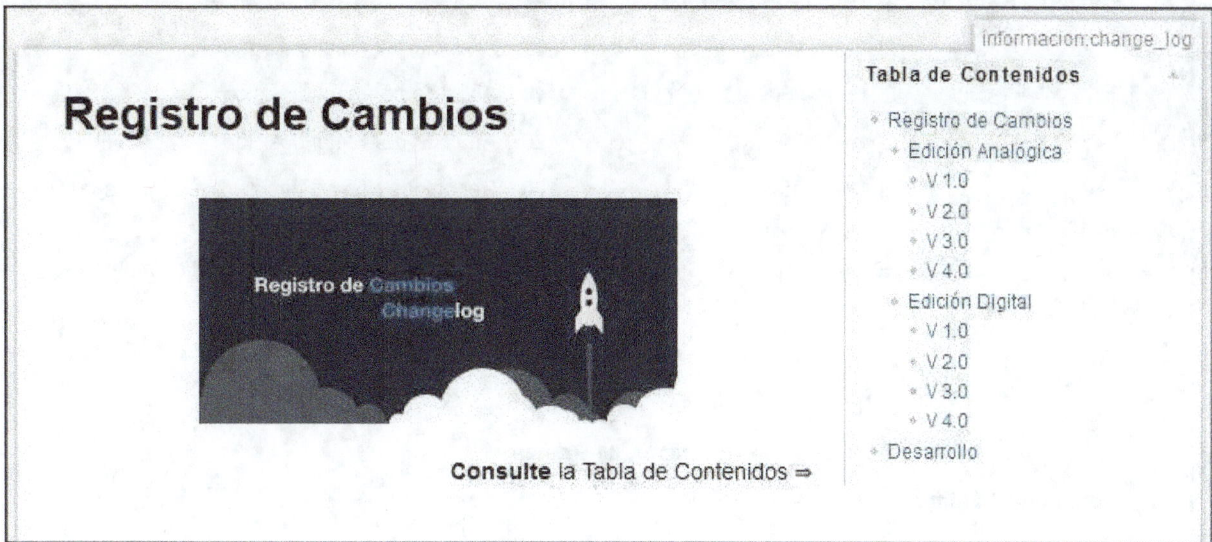

La información expuesta en este capítulo es un resumen del contenido disponible en Registro de Cambios, actualizada a la V4.0, al igual que se ha hecho en las anteriores versiones, V2.3 de Registro y V2.4 de Tribunal Examinador, en la que, por premuras de tiempo y disponibilidad, se realiza una sucinta actualización, remitiendo al enlace anterior, a **TesisALP** en línea.

Edición Analógica

Historial de ediciones analógicas.

El historial de ediciones analógicas se mantiene en un orden consecutivo, acorde con las ediciones digitales, con ánimo de preservar una cierta coherencia entre unas y otras, aún cuando no todas las ediciones analógicas tengas un reflejo en edición digital, algo extensamente razonado, de muy difícil ejecución y no pretendido, salvo las exigencias reglamentarias a aplicar.

Editar

V 1.0

Se entiende por **V 1.0** aquella versión que, precedida de distintos avances y adaptaciones, es sometida para una revisión definitiva a los directores de tesis.

Para el estudio de esta revisión, se habilita el acceso, con clave y nombre de usuario, al entorno Wiki a dichos directores de tesis.

Ésta versión 1.0, en su última definición, es la que se somete al Departamento de Geografía de la Universidad de Murcia para su aprobación, y, si procede, continuación del proceso administrativo.

Para conocimiento de este departamento, y por acuerdo de la dirección de tesis, se habilita acceso al entorno Wiki al director del departamento, de modo que pueda tener una base de juicio ante posibles debates.

V 2.0

Edición	Revisión	Fecha	Ejemplares	Páginas	Observaciones
V2	0	2015-11-10	0	92	Anulada por recomposición
V2	1	2015-11-23	2	114	Anulada por recomposición
V2	2	2015-12-09	4	120	Anulada por recomposición
V2	3	2016-01-05	1	120	Recomposición por ampliación de materia. **Depósito**
V2	4	2016-01-26	6	122	Recomposición por ampliación de materia. **Tribunal Examinador**

Pulse para **ocultar**

	Razón de Revisión	
Revisión	**Páginas**	**Acción**
V2.0	92	Anulada - **Resumen** de TesisALP en formato analógico, como Tesis Doctoral **impresa**
V2.1	114	Anulada - Ampliación de **Resumen** de TesisALP en formato analógico, como Tesis Doctoral **impresa**. **Inclusión** de reconocimientos e instrucciones para **lectura fuera de línea** -off-line- con inclusión en **CD** anexo de **Wikis** funcionales **TesisALP** y **WikiM**.
V2.2	120	Anulada - Inclusión de **Bienvenida** de TesisALP a formato analógico, como Tesis Doctoral **impresa** por recomendación de la Comisión de Estudios de Doctorado UM. **Inclusión** de apartados de Estructura del Documento, Computacional, Virtualidad, Citas y Enciclopedismo y **reordenación** de orden expositivo
V2.3	120	Adaptaciones según recomendaciones de la Comisión de Estudios de Doctorado UM. **Reestructuración general** con Parte I y Parte II. **División** de CD en "CD 1 de 2" y "CD 2 de 2".
V2.4	122	**Adaptaciones por proceso de registro**, dos CDs. Similitud con "Compendio de Publicaciones". Versión destinada a Tribunal Examinador.

V 3.0

NO se publica una Versión 3.0 analógica pero se mantiene la numeración por congruencia con la edición digital.

V 4.0

La Versión 4.0 analógica se encuentra en fase de composición, teniendo prevista su publicación a finales de octubre de 2016.

Para actualizaciones digitales y otos aspectos, consulte
Registro de Cambios - Edición Digital

7   Lectura Fuera de Línea

La adquisición de esta publicación se acompaña
de una versión en formato PDF A4
disponible en la dirección Web
http://wikimasum.skeye2k.org/tai2k/tesisalp/tesisalp_v4_0

Este capítulo ha sido adaptado según las condiciones definitivas de registro.

La consulta de estos CD, que **no** han sido actualizados, le remitirán a enlaces **no operativos**, según se detalla en Adenda 2 − Migración, en página 125.

La Versión **V 2.3**, de **Depósito**, ha sido superada por la **Versión V 2.4**, de **Tribunal Examinador**, por lo que es esta versión la que se vincula para descarga de CDs.

Como se ha detallado en Singularidades − Formato Dual −página 37− y Estructura de Depósito y Acceso −página 76−, el depósito de este Tesis Doctoral Virtual incluye **DOS** CD-ROM:

- **CD 1 de 2** que contiene Abelardo López Palacios Tesis Doctoral Virtual − V 2.3, en formato PDF, junto con abelardo lopez palacios tesis doctoral virtual resumen, en formato de texto plano en Español e Inglés

- **CD 2 de 2** que contiene una instalación local de los <u>extintos</u> sitios Web **WikiM** y **TesisALP**

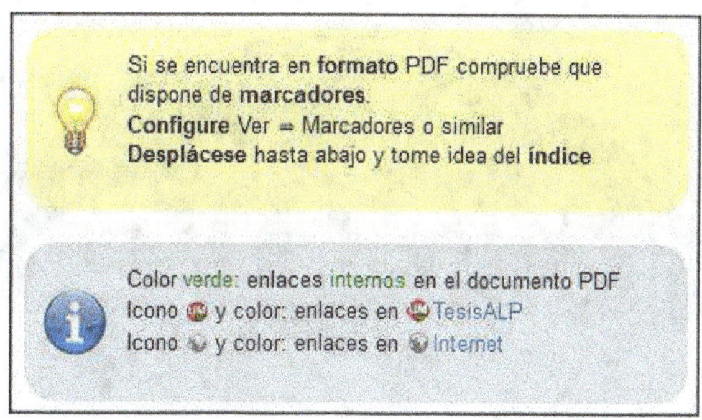

7.1   CD 1 de 2

Descarga de **TesisALP V2.4 − CD 1 de 2** − 28.4 MB − en formato ZIP que, una vez descomprimido, puede grabar en un CD con su caratula y situar, con sobre de CD adecuado, en la página siguiente.

7.2   CD 2 de 2

Descarga de **TesisALP V2.4 − CD 2 de 2** − 425.8 MB − en formato ZIP que, una vez descomprimido, puede grabar en un CD con su caratula y situar, con sobre de CD adecuado, en la página siguiente.

Este CD, descomprimido en **su disco local**, le permitirá acceder a **TesisALP** en formato Wiki, según Instrucciones para lectura fuera de linea, en página 89.

UNIVERSIDAD DE MURCIA
DEPARTAMENTO DE GEOGRAFÍA
Tesis Doctoral Virtual PhD Thesis
http://www.um.es/
tesisalp
V 2.4
CD 1 de 2
Una Nueva Realidad para
un Nuevo Observador
La Geografía en el Siglo XXI
D. Abelardo López Palacios
2015
UM

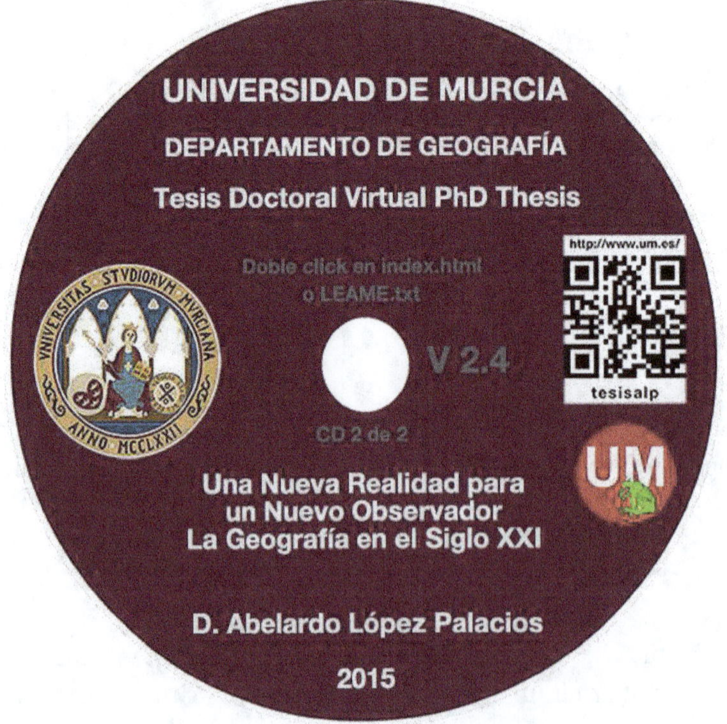

UNIVERSIDAD DE MURCIA
DEPARTAMENTO DE GEOGRAFÍA
Tesis Doctoral Virtual PhD Thesis
Doble click en index.html
o LEAME.txt
http://www.um.es/
tesisalp
V 2.4
CD 2 de 2
Una Nueva Realidad para
un Nuevo Observador
La Geografía en el Siglo XXI
D. Abelardo López Palacios
2015
UM

7.3 Instrucciones para lectura fuera de linea

Instrucciones de lectura

Para su lectura, deberá acceder al **directorio raíz** en que se encuentre el CD 2 de 2, donde dispondrá de la estructura

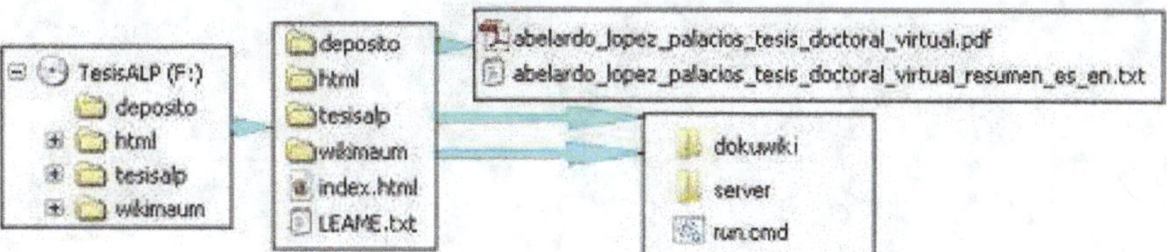

Ante la posibilidad de acceso en diferentes plataformas, con diferentes Sistemas Operativos, se opta por un acceso **lo más estándar posible**, incluyendo dos ficheros en la **carpeta raíz** del CD 2 de 2, **index.html**, que le llevará a este, y un fichero **LEAME.txt** con texto plano, legible en cualquier sistema.

Cada una de las **dos** Wikis se encuentran en las carpetas **wikimaum**, el soporte base en Máquina Virtual, y **tesisalp** como elemento de la granja, en este caso, y como se ha señalado, estructurada de modo independiente.

La lectura, el acceso a los ficheros index.html y LEAME.txt, se realiza según el **modo habitual**, pero el acceso a **tesisapl** y **wikimaum** requieren de su **copia** en un directorio de su **equipo** o dispositivo USB, dada la necesidad de operar sobre un **servidor** Apache y PHP, junto con **ficheros** .log, lo que genera incompatibilidades por acceso y **escritura** en soportes "rígidos", por no poderse escribir, como un CD-ROM/DVD.

Ejecutando el fichero **run.cmd** se abrirá una **ventana** como la que sigue, y la **página** de acceso principal de la Wiki en su **navegador habitual**, desde donde podrá **acceder** a todo el **contenido** de esa Wikis.

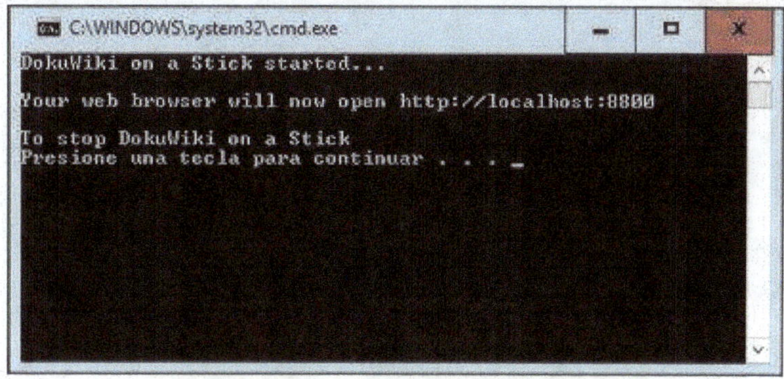

WikiM^{UM} TesisALP^{UM}

2016, enero - V 2.4

Página en blanco por maquetación
e impresión a doble cara

Puede ser usada para anotaciones de
instalación local.

8   Versiones

Se incluyen una serie de capturas de pantalla que cubren la **totalidad** de la página Web
Versiones de **TesisALP** en la cual, entre otros aspectos relacionados con los formatos analógicos y
digitales y su edición, se *"propone un "procedimiento" que permita que esta tesis doctoral sea evaluada
y aceptada como válida de modo que, aún suponiendo, evidentemente, una "acción rupturista",
quizás incluso "futurista", no se pierdan las capacidades y potencialidades que supone un formato
hipermedia, desarrollado en entorno Wiki sobre Máquina Virtual, una Web 2.0."*

wikimasum.skeye2k.org/tesisalp

Página en blanco por maquetación
e impresión a doble cara

8.1   Introducción

Introducción

Lo que se entiende por **edición** o w tirada -*"el conjunto de ejemplares de una obra **impresos** de una sola vez"*- está vinculado con documentos analógicos, un **libro**, una publicación "analógica", en "formato papel".

Una nueva **versión** de la misma obra se considera una 2ª, 3ª, n edición, en la que se **pueden** incluir actualizaciones, **o** no, y suele requerir de una labor editorial justificada por el **éxito** de ventas de la anterior edición.

Con el advenimiento de los recursos digitales se ha tratado de encontrar una cierta **convivencia** entre la edición analógica y el w libro digital, **entendido** como *"cualquier texto almacenado en formato digital"* **requiriendo** estos de *"los programas denominados lectores"* **que** *"pueden estar integrados en los ordenadores, teléfonos móviles o lo más reciente, lectores específicos basados en la tinta electrónica."* ***"También*** *se conoce al libro digital como libro electrónico o Ebook".*

Pero esta percepción se **basa**, de modo muy conciso, en la escritura con el **diseño orientado** al formato específico que demande el dispositivo y que, por resumir y uso habitual, podría considerarse como una escritura y maquetación orientada a su edición en **formato** w PDF o que, finalmente, **acaba** en este formato digital, como la presentación en que se han tomado algunas notas sobre estos aspectos, Edición de Libros Digitales, Asociación de Editores de Madrid.

Este procedimiento de edición digital **requiere** del uso de SW previo en el que componer el documento, como *LaTeX, un estándar para textos científicos* u otros, **dependiendo** de su auto@r-edito@r que posea, y mantenga, unas condiciones próximas a un documento w hipertexto, incluso w hipermedia.

La **realidad** es que la gran mayoría de los PDF que se suelen generar **carecen** de estas características, siendo, finalmente, un "texto plano", sin enlaces, **no** w interactivo, algo que supone *"un esfuerzo de diseño para planificar una navegación entre pantallas en las que el usuario sienta que realmente controla y maneja una aplicación"*, constituyendo, **finalmente**, *"una* **versión** *electrónica o digital de* **un libro"**

8.2 Wikilibro

Wikilibro

"Un w *Wikilibro puede ser un libro, manual, u otro texto, de contenido libre, que se escribe colaborativamente como* w *Wikipedia. Se elabora con tecnología* w *wiki".*

Al mismo tiempo, es un w proyecto de la 🌐Fundación Wikimedia, Inc., una organización sin ánimo de lucro w 501(c)(3) con sede en los Estados Unidos de Norteamérica, basado en los recursos, la "plataforma", que esta institución dispone para cualquier usuario@ con el empleo de 🌐 MediaWiki como herramienta SW.

Esta herramienta, al igual que otras distribuciones basadas en la tecnología w wiki, como 📗 DokuWiki, pueden ser instaladas en servidores propios permitiendo una gestión personal o grupal, según los intereses y objetivos perseguidos, pudiendo w configurarse de muy diversas maneras.

Finalmente, un w Wikilibro sería una composición de información, de conocimiento, basada en

- una distribución software, en este caso 📗 DokuWiki ⇒ 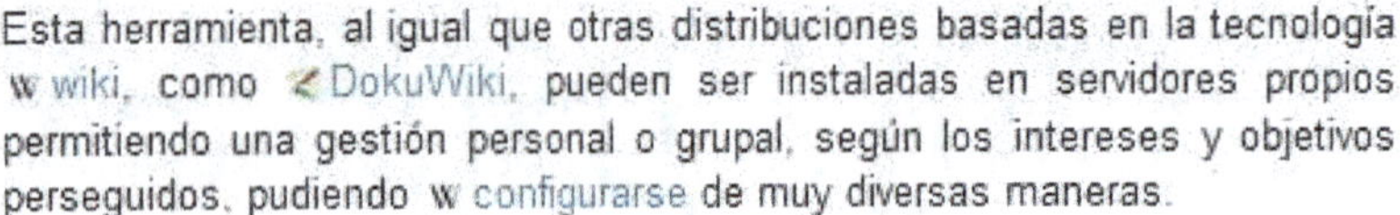

- un contenido, una "materia", estructurada, w "maquetada", de acuerdo a las características de esa distribución

generando el conjunto un dispositivo compuesto por "código", w código fuente, *"que por elección manifiesta de su autor, puede ser copiado, estudiado, modificado, utilizado libremente con cualquier fin y redistribuido con o sin cambios o mejoras"*, de w Software libre.

Como tal software, todo el conjunto puede tener versiones, revisiones, **actualizaciones**; en el primer caso, dependiendo de lo@s desarrodore@s del CMS, y en el segundo, del@ auto@r de la "materia", no siendo "perceptible" para el@ usuario@ las actualizaciones del CMS, sino solamente las modificaciones del contenido, de esa "materia" que trata de transmitir conocimiento.

Como simple ejemplo de la vinculación del contenido con el código, se puede observar los párrafos anteriores tal y como son "realmente" escritos, **codificados**.

```
###
Finalmente, un [[wpes>Wikilibro]] sería una composición de información, de conocimient
###
  * una distribución software, en este caso [[doku>|DokuWiki]]

  * un contenido, una "materia", estructurada, [[wpes>Maquetación_(edición)|"maquetada
###
generando el conjunto un [[desarrollo:singularidades:sobre#dispositivo|dispositivo]] c
###
###
Como tal software, todo el conjunto puede tener versiones, revisiones, **actualizacion
###
```

8.3   TesisALP

TesisALP

TesisALP se conforma sobre un Dispositivo de Investigación y Difusión del Conocimiento -DIDiC-, una "plataforma" en la que desarrollar procesos de investigación y difusión de métodos, técnicas, resultados.

Esta estructura, evidentemente w digital -w más informativo en Inglés-, esta diseñada y construida en razón de una w interface -w consultar en Inglés- "amigable" y que es accedida desde un w terminal que permita su consulta y w navegación.

En este entorno, las w "tiradas" no necesitan del paso de meses, años, ya que las w "actualizaciones" pueden ser constantes, con w revisiones de texto y/o de w "computación".

El conjunto de elementos que conforman esta estructura, junto con los formatos w hipermedia, resulta, prácticamente, **incompatible** -*que puede funcionar directamente con otro dispositivo, aparato o programa*, en otro entorno- con la edición analógica, el formato papel, publicación en forma de libro.

A pesar de las opciones de generación de documentos w PDF y otros formatos, como w odt, su w "maquetación", su w estructura cognitiva, no está diseñada para su transmisión en formato libro si no en w entornos Web 2.0 pudiendo, finalmente, generarse **alguna** información analógica, del tipo resumen, manual o guía de uso.

La compatibilidad entre ambos sistemas, digital y analógico, a efectos de "maquetación" y edición de temas y materias, requeriría de un gran esfuerzo de programación, de w codificación, que, a través de w plantillas - templates y procesos de "conversión de formatos", pudiera generar algo asimilable a lo que se espera encontrar en una publicación impresa.

Sirva como ejemplo de lo expuesto esta misma página en el fichero Versiones que, una vez abierto, nos presenta un documento PDF, con "Índice de marcadores", en el que la capacidad de w hipertexto se mantiene, pero que "descoloca" párrafos, imágenes, saltos de página, aportando una percepción poco amigable de algo que, en su estado nativo, resulta "de otra manera", con los índices-menús presentes y **toda** TesisALP a su disposición.

Si se tiene en cuenta que este ejemplo aún es "pasable", dado que no hay mucha imagen, vídeo, tablas u otros elementos, se puede concluir que esta opción es válida para pequeñas partes, páginas, que, por alguna razón, se desea tener en ese formato w PDF u otro y, quizás, imprimir.

8.3.1   Difusión

Difusión

Una característica específica de una Tesis Doctoral afecta a su difusión, a su puesta a disposición de la comunidad, algo que debe hacerse de acuerdo a unas pautas, unos parámetros también reglados.

La regulación existente en w 2015 contempla únicamente formatos analógicos, en forma de volumen tipo libro, y otros requisitos propios de la época.

Por otro lado, *"las tesis doctorales serán un trabajo original de investigación" "que incorpore resultados originales"*, lo que unido a aspectos de confidencialidad y reserva, propios de cualquier proceso de investigación, genera un tipo de problemas, problemas de la sociedad digital, vinculados con códigos de acceso, claves, con la seguridad en la red, con la w confidencialidad.

La puesta a disposición de TesisALP, su **publicación**, ante UM distintos organismos -**Comisión** Académica del Programa de Doctorado (RD 56/2005 y RD 1393/2007) o **Departamento** (RD 778/1998)- y de sus componentes, la "**Difusión** del depósito" -*"durante el plazo de quince días hábiles*, al objeto de que pueda ser examinada por* **cualquier doctor**", informándose *"a todos los doctores de la Comunidad Universitaria"*- junto con el **envío** de *"Ejemplar de la tesis doctoral a los integrantes del* **tribunal**", finalmente el **acceso** de personas interesadas, de toda la comunidad, **implica** una configuración del DIDiC en forma de w acceso abierto.

Pero ese **acceso** abierto, al producirse en un proceso **secuencial** en el tiempo, supone, además de las implicaciones en la gestión de usuario@s, que se dispondrá de la estructura y el **conocimiento** que en ese momento esté **integrado** en el DIDiC, en la w Wiki. De la "**versión** en vigor".

Una de la **mayores** capacidades de los formatos w hipertexto e w hipermedia, **integrados** en un sistema w Wiki, **es** la facilidad de su modificación, corrección de errores, integración de recursos, **actualización**, lo que, junto con sus capacidades **colaborativas**, conforman un sistema **dinámico** de difusión de w conocimiento, en una acción **continua**, **on-line**, con w contenido abierto, a diferencia de una publicación convencional, **estática**, prácticamente "inamovible".

Como resumen de lo expuesto en los apartados anteriores, complementado con lo señalado en Formatos y El Índice, se puede **concluir** en algo quizás evidente, pero no por ello exento de justificación, que es la **incompatibilidad**, no ya, no solamente, en aspectos de formato y **edición**, si no en la **concepción** de un soporte u otro.

- Una tesis doctoral al uso, un **libro**, deviene en un saber **estático**, depositado en una biblioteca, quizás en formato de libro electrónico - w PDF quizás no hipertexto- quizás accesible on-line

- Un w Sitio Web 2.0, TesisALP, w implementado en su "hábitat natural", w la Red, *"facilita el compartir información, la* w *interoperabilidad, el* w *diseño centrado en el usuario y la* w *colaboración en la* w *World Wide Web"* y *"permite a los usuarios interactuar y colaborar entre sí como creadores de contenido generado por usuarios en una* w *comunidad virtual"* resultando un w sistema **dinámico**, un posible Recurso educativo en Web 2.0

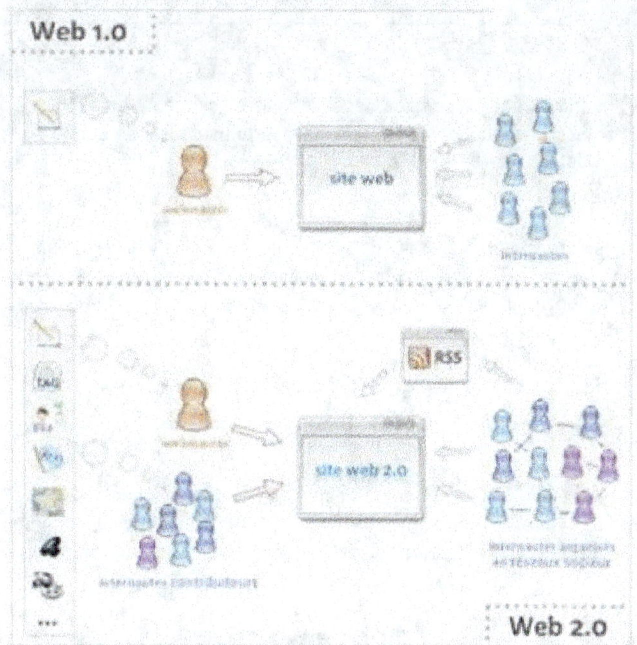

Pulse para **ocultar** ⬉ ⬀

Sin estas capacidades, el formato W hipermedia y todos los componentes SW y HW necesarios, **los** W Sitios Web 2.0 que se relacionan, como ejemplos de estas capacidades, en el ámbito del conocimiento y como simples notas, **no** serían posibles.

- Khan Academy sobre la cual se puede leer **E** *"Un profesor con 26 millones de alumnos"*

- lasmatematicas.es, iniciativa promovida por el Dr. Juan Medina Molina - Dpto de Matemática Aplicada y Estadística-Escuela Técnica Superior de Ingeniería Industrial- Universidad Politécnica de Cartagena- en la que ya *"...se recomienda suscribirse al canal para así estar informado de las* **novedades**, *que son* **constantes"**

- Una publicación, *7 bibliotecas digitales públicas en español*, a través de la cual se puede conocer sobre estos recursos digitales

- Major Players in the MOOC Universe - Chronicle of Higher Education donde, además del interés de los temas tratados, el universo W MOOC, esta publicación descubre, se pueden "ver", otras maneras, cómo es el mundo USA.

El devenir augura la Web 3.0 - W Web 3.0, la W Web Semántica -W información algo distinta en inglés- generando unas expectativas que hacen difícil imaginar cómo **evolucionará** el MundoCiberWorld

8.4 Edición - Analógica

Edición

En razón de la normativa vigente se hace necesaria una edición en formato analógico que pueda ser presentada, en el proceso previsto y fases determinadas, de modo que se pueda cumplir esa normativa y, finalmente, sea considerada una W Tesis Doctoral.

En este proceso W innovador en que se encuadra TesisALP, se **propone** un "procedimiento" que permita que esta tesis doctoral sea evaluada y aceptada como válida, de modo que, aún suponiendo, evidentemente, una "acción rupturista", quizás incluso "futurista", **no** se pierdan las capacidades y potencialidades que supone un formato W hipermedia, desarrollado en entorno Wiki sobre Máquina Virtual, una Web 2.0.

Finalmente, que pueda ser considerada, **quizás**, como una Tesis Doctoral Virtual.

Analógica

La **presentación** de este DIDiC en formato "papel" se podría resumir en su W Código QR, que se convierte en el **enlace** entre el "Entorno **Real** World" y el "Entorno **Digital** Environment", a través del uso de un lector QR **situado** sobre la **etiqueta** de W Código QR o **tecleando** en su navegador la URL que la perimetra.

Esta edición supone superar la incompatibilidad de formatos, como se ha indicado anteriormente, manteniendo en toda su funcionalidad esta Tesis Doctoral Virtual desarrollada integramente en formato W hipermedia e integrada en una Web 2.0.

Este procedimiento ya ha sido empleado, entre otros, por el Gobierno del W Reino de España para la presentación en el Congreso del Proyecto de Ley de Presupuestos Generales del Estado para 2013, aunque posteriormente fue criticado al constar de una serie de carpetas ordenadas con ficheros W PDF, lo cual desvirtúa algunas expectativas como W documento electrónico.

El **resumen** de *"extensión máxima de dos folios o 600 palabras"* -Formatos- sería **integrado** en esta publicación sirviendo a modo de **"Guía Introductoria"** complementada con esta página, **no** en su formato PDF, que usted puede obtener con el icono derecho "Exportar a PDF" y comprobar sus resultados, si no con **fichero** resultado de la **inserción** de una serie de capturas de pantalla, **imágenes**, convenientemente maquetadas y que actuaría como una **justificación** de esta edición, **quizás** conveniente en fases primarias, en posibles reuniones en las cuales no se **disponga** del dispositivo adecuado.

Esta propuesta, esta metodología, ha de generar unas dudas más que razonables, que pueden dar lugar a un debate más amplio, sobre el contenido real de esta tesis. Lo que está "escrito" en el "libro" que se presenta ya que, la edición impresa de la tesis doctoral es lo que cuenta. No más, y tampoco menos.

Los formatos digitales ofrecen soluciones a estas dudas, y herramientas para obtener unas respuestas que, quizás, lleguen a resultar satisfactorias.

8.4.1 Digital

Digital

La w edición digital de documentos se puede abordar desde muy diversas **perspectivas**, en cuanto a contenidos, formas, estilos, finalidad; desde distintas percepciones, 🔵 "variables".

En este análisis se considera esta edición desde la perspectiva de su **contenido** en un **momento** determinado. La finalización y recogida de un examen.

El contenido **como** "cantidad" -palabras, páginas, tablas, gráficos, imágenes, etcétera- que en el momento que estipula la norma, el momento de "registro" del documento que da **soporte** a esa investigación, a esa Tesis Doctoral, conforma su "contenido" como **exposición** de procesos, métodos, resultados de la investigación.

Las **fases**, las pautas determinadas para su integración en el proceso académico que posibilite su validación como tesis doctoral, según la 🔴 normativa de la Universidad de Murcia, son las siguientes:

- **Solicitud de presentación** ante Comisión Académica del Programa de Doctorado (RD 56/2005 y RD 1393/2007) o Departamento (RD 778/1998)

- **Depósito de la tesis doctoral**, *"Un ejemplar impreso de la tesis"* -según especificaciones UM- junto con otras indicaciones

- **Envío** de ejemplares de la tesis a miembros del **tribunal**

- **Celebración del acto de defensa**

En esta estructura, la **cuestión** que surge es cuál es el **momento** de "entrega del examen", cuál es el momento en que una **publicación** w Web 2.0, dinámica, cooperativa, que puede incluir correcciones, sugerencias, matices que aporte cualquier miembro@ del cuerpo académico habilitado@ para el acceso, **deja** de ser dinámica.

No se puede modificar, **actualizar**, no solo en el sentido del SW en que se sustenta, si no en su contenido, en el w Conocimiento - w Knowledge que expresa y pretende **transmitir**.

En los **tiempos actuales**, en los que la información, el conocimiento, el nacimiento y difusión de nuevos recursos, investigaciones, aplicaciones, se produce de manera cuasi "vertiginosa", con acceso nRT a cualquier avance, el periodo estimado entre la Solicitud de **presentación** y la Celebración del acto de **defensa**, unos **cinco** meses -en este caso, normalmente mucho más- puede resultar una **enormidad**.

En razón de la optimización, la no "mutilación" de las capacidades de Conocimiento Continuo que aporta este DIDiC, quizás se pueda **considerar** como momento final, de "entrega de examen", la **publicación** definitiva del trabajo académico, TesisALP🔵, en régimen de w contenido abierto a disposición de **toda** la sociedad.

Una TesisALP🔵 w Versión 3.0 que, como **resultado** de un proceso de investigación -V 1.0- registrado -V 2.0- y **evaluado** académicamente -V 3.0-, se pone a **disposición** del conjunto de la **sociedad**, académica y no académica.

El **momento** de publicación de este V 3.0 sería, prácticamente, **simultánea** a la emisión de la **calificación** académica que la certifica, si así lo merece, como Tesis Doctoral

8.5 Previsiones y Notas

Previsiones

Estimación de fechas y plazos para la realización de trámites y **procesos** asociados.

Proceso	Tiempo	Fecha
Solicitud de presentación de Tesis	5 días 01:23 hasta :	2015-10-13
Depósito de Tesis	33 días 02:23 hasta :	2015-11-10
Defensa de Tesis	126 días 02:23 hasta :	2016-02-11
Publicación de TesisALP V 3.0	143 días 02:23 hasta :	2016-02-28

Notas

El proceso de revisiones, **versiones**, se encuentra vinculado con Mantenimiento, como método de gestión de W copias de seguridad del DIDiC en su integridad y sus **componentes**, y se desarrolla en WikiM+um.

Como **notas** aclaratorias y de posible desarrollo **futuro**, se ha de entender que **toda** información digital deja "huella", existiendo recursos para detectar, **conocer** sus características, una especialidad informática, una **ciencia**, denominada W Computer forensics que, **junto** con otras herramientas, como el **icono** derecho "Revisiones antiguas", o el **superior** "Cambios recientes", permiten, sin abandonar este DIDiC, obtener una información que puede ser **complementada** con otros recursos de búsquedas, listados, etcétera que, tras realizar W indexaciones de palabras, términos, fechas u otras variables, generarían unos **informes** que podrían aportar un visión general de la **composición** de la publicación en un momento determinado.

8.6   Colofón

Colofón

En este año 2015 EC, en que se celebra el Centenario de la Universidad de Murcia y de su UMFacultad de Letras, con el saber geográfico, germen del actual UMDepartamento de Geografía, como uno de sus elementos angulares, se presenta la oportunidad de destacar su apuesta por el progreso, el avance, el futuro ya presente, pudiendo servir UMTesisALP, esta Tesis Doctoral Virtual, como **muestra** de un modo de escribir, redactar, exponer el conocimiento acorde con los instrumentos, las herramientas, que el progreso pone al alcance de las personas, de los miembro@s de esta centenaria comunidad universitaria.

Aplicando conceptos y herramientas propias de este inicio de siglo, ejecutando un w Leapfrogging, *"un proceso de rápido cambio hacia un mayor grado de desarrollo de las empresas u otro tipo de organización"*, un **"LeapUM"** hacia nuevos conceptos formacionales, se ha de propiciar que las nuevas generaciones puedan desenvolverse con agilidad y maestría en esta realidad, en el MundoCiberWorld en que vivimos, y que tomará su plenitud en los años venideros, en el transcurso del w Siglo w XXI.

8.6.1 Una Alegoría

Una alegoría

Pulse para ocultar ⤡ ⤢

Una w alegoría, una ⊙ comparación entre dos concepciones, las **velocidades** V1, V2 y V3 desde la **perspectiva** del w despegue de un w aeronave de ala fija -¿de cualquier vehículo w aeroespacial?- y el **proceso** de presentación, registro y defensa de TesisALP, las **Versiones** 1.0, 2.0 y 3.0, con un **recuerdo** especial para el Profesor Dr. D. ⊙ Alfredo Pérez Morales, compañero de ratos, momentos y conversaciones.

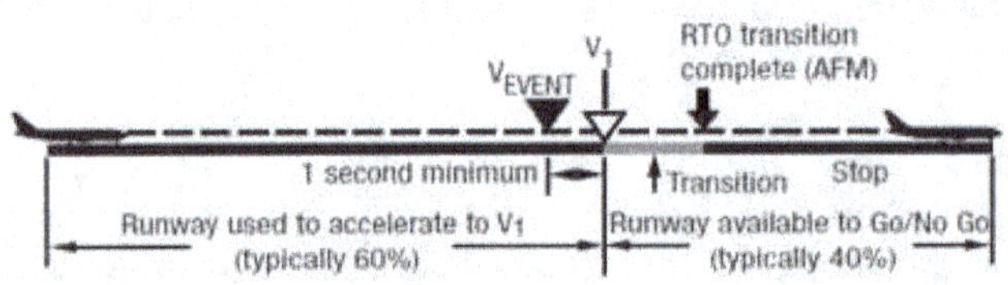

Si se observa el gráfico anterior, existe una **V1**, velocidad de **decisión** con la continuación del despegue, o el abortaje del mismo. En poco tiempo, superada la fase de Transición, se alcanzaría la velocidad V_{rot}, V_{Ref}, abreviadamente V_r, w Velocidad de rotación.

En ese momento, cuando el aeronave, **ayudada** por el@ piloto@, "rota", levanta la rueda de morro, deja de ser "triciclo" -en las aeronaves con patín de cola es algo distinto ya que deja de ser "triciclo" bastante antes, lo que lo convierte en más inestable, más "complejo" de manejar durante más tiempo, y más "atractivo" para mucho@s piloto@s-, toma una **"actitud"** de ascenso hasta alcanzar una **V2**, "Velocidad segura de despegue", continuando, ya "en el aire", hasta **V3**, "Velocidad de retracción" de w flaps -de tren de aterrizaje ha sido antes-, momento en el que comienza un tipo de vuelo "regular", con **régimen** de ascenso establecido hasta altura de vuelo asignada y toma de Velocidad de Crucero, V_C.

En este símil, podría asociarse las versiones del **proceso** de presentación, registro y defensa de TesisALP, las **Versiones** 1.0, 2.0 y 3.0, con una **V1**, momento en que **todas** las fases previas necesarias para poder **llegar** a ese momento de **decisión** han sido **superadas** y, tras ser aceptada su "Solicitud de presentación", o no, TesisALP V 1.0 continúa con su "despegue", su desarrollo, o no.

Si **no** surgen **contratiempos** -el despegue es considerada la fase con más alto **riesgo** de todo el vuelo- se alcanzaría la **V2**, el "Depósito de la tesis doctoral" y su difusión, iniciándose un **tipo** de "pilotaje cooperativo", en el que lo@s miembro@s del Departamento y/o de la Comisión Académica del Programa de Doctorado, con sus **contribuciones**, opiniones, sugerencias, permitan "afinar" el plan de vuelo, de desarrollo de TesisALP V 2.0, .

Finalmente, alcanzada la **V3**, la "Celebración del acto de **defensa**", con las aportaciones del resto de Doctore@s de la UM, de lo@s miembro@s del tribunal, y si **merece** ser calificada como ⊙ Tesis Doctoral Virtual en entorno ⊙ Web 2.0, iniciaría su **"vuelo"** TesisALP V 3.0, un vuelo sin necesidad de volver a aterrizar ya que su **combustible** es el conocimiento, las aportaciones de las personas, con la **cooperación** como método de "repostaje en vuelo".

Quizás, hasta llegue a alcanzar la **velocidad** de w empuje por curvatura, la w velocidad warp. De sus piloto@s, de su **tripulación**, dependerá. ☺

8.7   ToDo

ToDo

- ☐ [tarea] Posible modificación de plugin countdown ⇒ Adaptación de +-, años meses días. Quizás retoques -¿pocos?- en PHP. Un desarrollador es hispanoamericano con el que se estableció contacto.
  ‹ Countdown Plugin *"Countdown to a specific date."*

Editar

Discusión

Escriba el comentario. Se permite la sintaxis wiki:

Guardar   Previsualización

Mostrar/Ocultar

Linkbacks

Use the following URL for manually sending trackbacks: `http://wikimas.atica.um.es/tai2k/tesisalp/lib/plugins/linkback/exe/trackback.php/desarrollo:singularidades:versiones`

Recursos:

desarrollo/singularidades/versiones.txt · Última modificación 2015/09/09 08:42 por galopax

Apoya

Se apoya

Manuel López Flórez
MLF-L

Enlace Permanente / Permanent Link | Cómo citar esta página / Cite this Page

Excepto donde se indique lo contrario, el contenido de esta wiki se autoriza bajo la siguiente licencia:
GNU Free Documentation License 1.3

Distribución promovida por wikimasum

PhD Tesis Doctoral Abelardo Lopez-Palacios

8.8   Referencia

La información contenida en este documento se corresponde con los datos expresados en la siguiente figura.

Esta información puede no corresponderse exactamente con la existente en  Versiones, pudiendo diferir en pequeños detalles, siendo actualizada cuando se consideran ya relevantes esas posibles diferencias.

From:
http://wikimas.atica.um.es/tai2k/tesisalp/ - **Una Nueva Realidad para un Nuevo Observador**

Permanent link:
http://wikimas.atica.um.es/tai2k/tesisalp/doku.php/singularidades/versiones

Last update: **2015/10/02 10:43**

9 @bout

9.1 Sobre @bout

Sobre

En Español, y según la R.A.E., en una **primera** acepción, "*2. prep. **acerca de.**,* 1. loc. *prepos. Sobre aquello de que se trata, en orden a ello."*

También "sobre", en segunda acepción, "*1. m. **Cubierta**, por lo común de papel, en que se incluye la **carta**, comunicación, tarjeta, etc., que ha de enviarse de una parte a otra*".

@bout

En una **adaptación** del término Inglés about, se entiende **@bout** como un sobre−URL, "*en que se incluye la **carta**, comunicación, tarjeta, etcétera*" que se **dispone** para la aclaración de un concepto, **acerca de** una idea, **quizás** de una forma algo distinta a una FAQ, tendiendo a un tipo de Co^3, y que puede incluir **enlaces conceptuales** con otros **@bouts**, otros proyectos, otros recursos.

En algunos casos pueden **requerir** de una ampliación, matización, desarrollo, quizás un TAi2k, un foro, quedando pendiente de la **evolución**, de los recursos, pero se puede considerar un **puerto** de comunicaciones con **"energía"** en ese atraque que espera un posible **"acoplamiento"**.

9.2 Acceso Cooperativo

Se entiende por **Acceso Cooperativo** aquél que se realiza **tras** el establecimiento de algún vínculo de cooperación decidido, **según** las capacidades personales **y/o** condiciones determinadas, que se presta al **desarrollo** de determinado proyecto, pudiendo ser un TAi2k.

Según el vínculo de cooperación establecido, se habilitará el acceso al **Conocimiento**, a la **Información**, a aspectos de la **investigación** que se desarrolla, según las condiciones establecidas.

La **puesta** a disposición de esta **información** deberá ser acordada por el **Sistema Gestor** del TAi2k o proyecto de que se trate.

9.3   Co^3

El concepto expresado como **Co**^{3} —Co3 caso de no poder usar el "exponente" ^{3}, o porque interese que actúe como acrónimo— persigue una transmisión del **Co**nocimiento de forma **Co**ntinua y **Co**operativa.

El término **Co**laborativa, una primera acepción, y basándose, entre otras referencias, en ☁ Colaborar vs. Cooperar en el aula, fue sustituido por **Co**operativa ya que parece más adecuado a la finalidad que pretende ☁ conceptualizar el término.

Cooperar, *"obrar juntamente con otro u otros para un mismo fin"*, según ☁ recoge el ☁ "buscón" de la ☁ R.A.E. y no con la ☁ acepción del primer resultado, seguramente, de su ☁ buscador, o ☁ Wikipedia, sin ☁ "desambiguador", que lo interpreta como *"... todos los socios mediante una empresa."*

Siendo que ☁ *"la cooperativa constituye la forma más difundida de entidad de economía social"*, no es esta la acepción que se pretende en este ☁ contexto, aún cuando, sobre cooperar y colaborar existen posibles ampliaciones en Guiza Ezkauriatza (2011).

9.4   DIDiC

Un **Dispositivo de Investigación y Difusión del Conocimiento** —DIDiC- se puede ☁ comprender como un ☁ "Sistema de Información", un ☁ Information System —consultar ambos—, en el que desarrollar **procesos** de investigación y de difusión de métodos y técnicas usadas en esas investigaciones, así como de sus **resultados**, en las fases que se estime conveniente.

Puede ser considerado como un ☁ sistema complejo *"compuesto por varias partes interconectadas o entrelazadas"*, tanto de software —SW— como de hardawre —HW— que, junto con la "materia", el "contenido", son susceptibles de generar ☁ propiedades emergentes.

Se propone, a modo de ejemplo ☁ implementado, una estructura en forma de *"un "contenedor"* ☁ *que contiene un "continente"* ☁ *que contiene un* ☁ *"contenido" abierto"*.

En el desarrollo de este ejemplo, y como "contenedor" en el que desarrollar ☁ TesisALP, se ha ☁ implementado el recurso ☁ WikiM+um ☁ conformado según la siguiente estructura:

- El **"contenedor"** sería ^{UM} VM+um, ⬮ máquina virtual instalada y configurada según los recursos dispuestos por el ⬮ Área de Tecnologías de la Información y las Comunicaciones Aplicadas (ATICA) de la ⬮ Universidad de Murcia actuando como una ⬮ IaaS

- El **"continente"**, una parte, sería ^{UM} Doku+um, distribución de ⬮ DokuWiki adaptada y configurada para, entre otras cosas, alojar una "granja", una ⬮ farm, actuando, junto con otras posibles ⬮ aplicaciones, como ⬮ SaaS

- El **"contenido"** es la información, el **conocimiento**, en forma de ficheros digitales estructurados para su ⬮ compilación e ⬮ interpretación en formato ⬮ hipermedia, actuando como un "animal" de la "granja", en la jerga wiki; como una "wiki hija", resultando ^{UM} TesisALP un ejemplo aplicado, un Trabajo Académico innovador e **implementado**

Finalmente, en un estructura similar, parecida, todo el ⬮ sistema conformaría una **"commodity"** en la que lo@s usuario@s puedan disponer de esos recursos, esas capacidades, dedicando energía a sus objetivos esenciales: aprender, investigar, difundir.

El conjunto de "animales" alojados en la "granja", la "comunidad", junto con toda la ⬮ infraestructura necesaria para su correcta operación, constituirían un EcoSistema Digital de Investigación y Difusión del Conocimiento que podría basarse en la idea del Conocimiento Continuo Cooperativo, Co^3, Co3, como una forma de ⬮ "Aprendizaje Colaborativo".

9.5   Dispositivo

Según **expone** ⬮ Jordi Soler en su artículo ⬮ *"Más dóciles y más cobardes"* de 28 MAR 2015, *"El **filósofo** italiano* ⬮ *Giorgio Agamben –* ⬮ *en Italiano–, en su **inquietante** ensayo titulado* ⬮ *¿Qué es un dispositivo?, llega a la **conclusión** de que hoy tenemos "el cuerpo social más **dócil** y cobarde que se haya dado jamás en la **historia** de la humanidad"."*

Evidentemente, **no** es este el **objetivo** de esta pequeña entrada **sobre** este concepto, **sino** la continuación: *"¿**Qué** es un **dispositivo**?* ⬮ *Agamben echa mano de las **ideas** de* ⬮ *Michel Foucault, de* ⬮ *Jean Hyppolite y de* ⬮ *Hegel para **establecer** que el dispositivo es **eso** que tiene "la **capacidad** de capturar, orientar, determinar, interceptar, modelar, controlar y **asegurar** los gestos, las conductas, las opiniones y los discursos de los **seres** vivientes", y esto **incluye** no solo las **instituciones** como la escuela, las fábricas, la religión, la constitución y el manicomio. **También** son dispositivos "la pluma, la escritura, la literatura, la filosofía, la agricultura, el cigarrillo, la navegación, los ordenadores, los teléfonos móviles y —por qué no— el lenguaje mismo, que quizás es **el más antiguo** de los dispositivos".*

Y que **concluye**, en **este** interés, que **no** en el artículo en si, con *"En suma,* ⬮ *Agamben **divide** al mundo en **dos** grandes clases: los **seres** vivientes y los **dispositivos**, que forman una **intricada*** *red que, inevitablemente, **nos** condiciona, **nos** hace pensar, reaccionar y conducirnos de una **manera** determinada, aun cuando nosotros estemos **muy** convencidos de nuestra originalidad."*

Desde esa perspectiva, **esto** que usted visualiza, esta Wiki, esta tesis doctoral, este texto, **junto** con el "dispositivo" en que se lee, se accede, **conforman** un **Dispositivo** de **Difusión** del **Conocimiento** −DIDiC− compuesto de hardware + software + "materia" en el que HW y SW es **compartido** −servidores + terminales− pero la "materia", el **contenido** es, fundamentalmente, **unidireccional**: de su(s) auto@r(s) −servidor− a usted, el@ usuario@ −cliente−. O eso **pretende**.

No obstante, y a lo largo de toda la **exposición**, se referirá al concepto **"dispositivo"** desde esta perspectiva: **aquello que no es un ser viviente**.

9.6   EcoSistema Digital

Se entiende por **EcoSistema Digital** *"a distributed, adaptive, open socio-technical system with properties of self-organisation, scalability and sustainability inspired from natural ecosystems".*

NO puede ser entendido, **de ninguna manera**, con la **única acepción** que se encuentra en EcoSistema Digital - WP ES, **vinculada** con marketing en línea, **sino** con **acepciones** que se **encuentran** en Digital ecosystem, entre ellas Knowledge commons y Knowledge ecosystem.

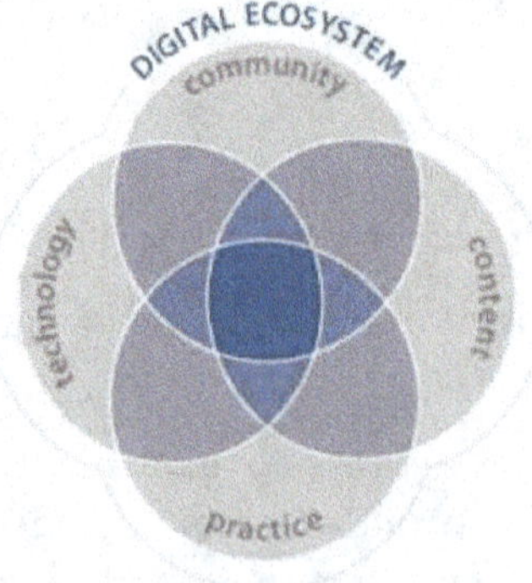

The International Conference on Management of computational and collective IntElligence in Digital EcoSystems (MEDES)

Imagen y referencias:
YDC2 - the Yale Digital Collections Center
Yale University.

9.7   EDE

Geógrafo ordenando y
documentando "ideas"

El **Entorno Digital Environment** —EDE— estaría compuesto por dos Espacios:

- El Espacio **Ciber-Digital** Space —EC-DS— *"Cyberspace is the notional environment in which communication over computer networks occurs"*—, quizás entendido como una **Infraestructura** Singular

- El Espacio **Socio-Digital** Space —ES-DS— conformado por el *"set of concepts and theoretical perspectives on how individuals, groups, and societies organize, perceive, and communicate about reality"* —no usar la traslación a castellano— en que se desenvuelve la Sociedad Global del inicio del Siglo XXI

El acceso al EDE se realiza a través de determinados dispositivos, actuando éstos a modo de **MoDem**, Modulador-Demodulador, en un **proceso** continuo de "up-down load" y con el que l@s person@s interactúan, **consiguiendo** establecer una interación con otros dispositivos **compatibles** con el Entorno Digital Environment, con el **EDE**.

Se podría entender como el **Entorno**, *"ambiente, lo que rodea"*, las *"condiciones o circunstancias físicas, sociales, económicas, etc., de un lugar, de una reunión, de una colectividad o de una época"*, conformado por estos **dos** espacios, pudiendo comprender los conceptos "community", "practice", "content" que junto con "technology" son considerados en YDC2 — the Yale Digital Collections Center, Yale University y relacionados con los EcoSistemas Digitales.

El **Entorno Real Environment** —ERE— estaría conformado por el entorno físico y conceptual en que se desarrolla la vida, donde se encuentra *"...everything that has existed, exists, or will exist"*, Real Life, la Vida Real.

El "Entorno **Digital** Environment", **junto** con el "Entorno **Real** Environment",
conformarían el **Mundo Ciber World**,
el Mundo en el que **vivimos** y nos **desarrollamos**.

- AMPLIAR => Merejo (2014) MundoCiberWorld

- AMPLIAR => Geografía Cultural - GlobalNet

- AMPLIAR => Aguirre Romero (2003) *"Cibersapacio...aunque esta realidad esté por describir, definir y explicar."*

9.8 Enlaces conceptuales

Se entiende por **"Enlaces Conceptuales"** aquellos que vinculan dos dispositivos en la **creencia** de que, además de las lógicas similitudes existentes, en temática y/o materia tratada, o con una más difusa lógica, vinculan  conceptos —*"las unidades más básicas de toda forma de conocimiento humano"*— **susceptibles** de generar un tipo de sinergia entre ellos y que puedan generar, a su vez, unos **nuevos** dispositivos que se alimentan de esos declarados **"Enlaces Conceptuales"**.

Esta **vinculación**, y la **retroalimentación** entre sí, pueden conformar un **EcoSistema Digital de Investigación y Difusión del Conocimiento** −ESDIDiC-R&DiKDES−.

9.9 Explorado@r

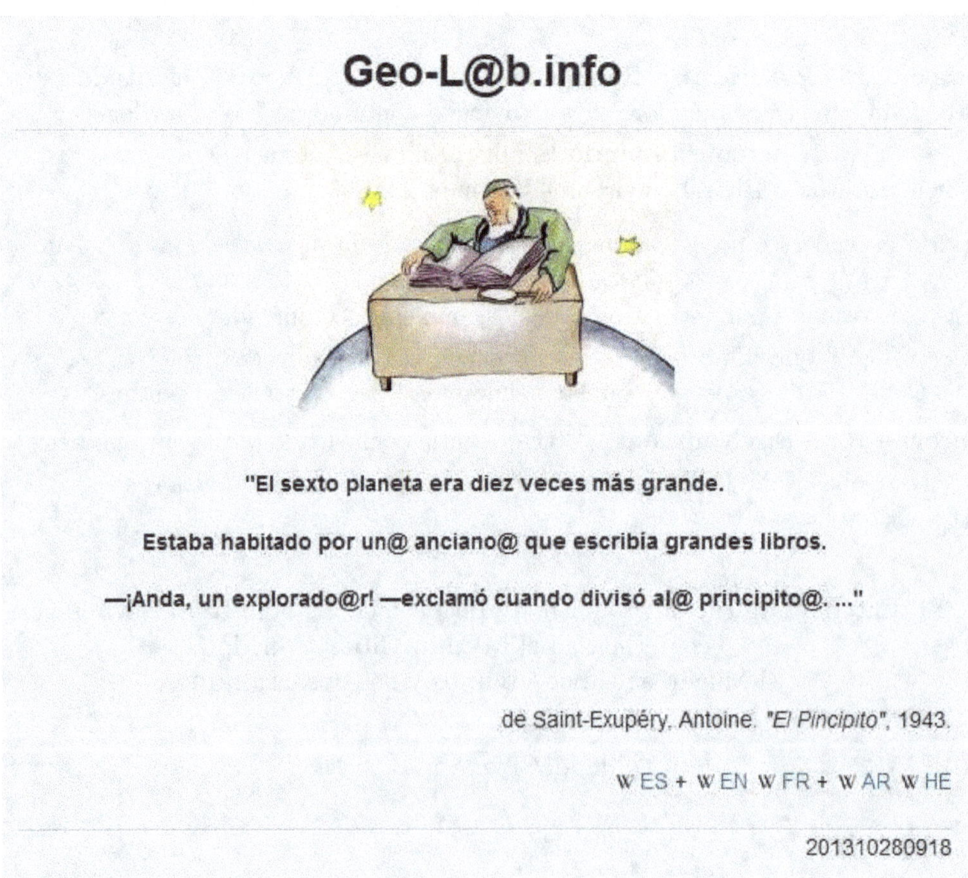

La **terminación** de determinadas palabras en **"...o@s"** y similares, usadas en este DIDiC, obedecen a varias **ideas**, siendo la principal:

- **determinar** que el@ **destinatario@** del mensaje, de la expresión, es un@ **explorado@r** avezado@ en el **EDE**, al que se le supone un Nivel de Alf@betización Digital elevado

- **desde** una perspectiva de la **Geografía**, es una persona **inquieta**, deseosa de saber, conocer y explicar el **mundo** en el que vive, dispuesto@ a actuar como un@ **GeoExplorado@r** del S. XXI y que "domina" las herramientas y recursos necesarios para ello, para la gestión de la Información Geográfica Digital entre otros

Finalmente, una persona con capacidades y conocimientos que le permiten desenvolverse con soltura en el Ciberespacio, *"el nuevo hogar de la Mente"*, en el MundoCiberWorld.

Respecto a una polémica existente en EU-ES −Europa-España−, que no en el resto de países hispanoparlantes, con respecto al **empleo** del Castellano − *"cuando se alude a la lengua común del Estado -de España- en relación con las otras lenguas cooficiales en sus respectivos territorios autónomos, como el catalán, el gallego o el vasco"*− y al **uso** del *"**desdoblamiento** artificioso e innecesario(s)"* que se produce **según** la *"actual **tendencia** [al desdoblamiento] **indiscriminado** del sustantivo en su **forma** masculina y femenina"* que *"va **contra** el principio de **economía** del lenguaje y se **funda** en razones extralingüísticas"*, y dado que *"deben **evitarse** estas repeticiones, que **generan** dificultades sintácticas y de concordancia, y **complican** innecesariamente la redacción y **lectura** de los textos"*, no se debe entender como objetivo central de este uso, de las terminaciones *"...o@s"* o similares, una forma de no realizar un *"desdoblamiento artificioso e innecesario"*.

En este DIDiC, *"el término masculino es utilizado como valor genérico, sin que implique discriminación de ningún tipo."*, según lo **explicitado** en Política de Género. No obstante, **si** este uso coadyuva a un modo de respeto hacia lo@s usuario@s, puede ser considerado un "beneficio colateral".

Textos de referencia:
Diccionario panhispánico de dudas
"Los ciudadanos y las ciudadanas, los niños y las niñas"

9.10   GIIGD

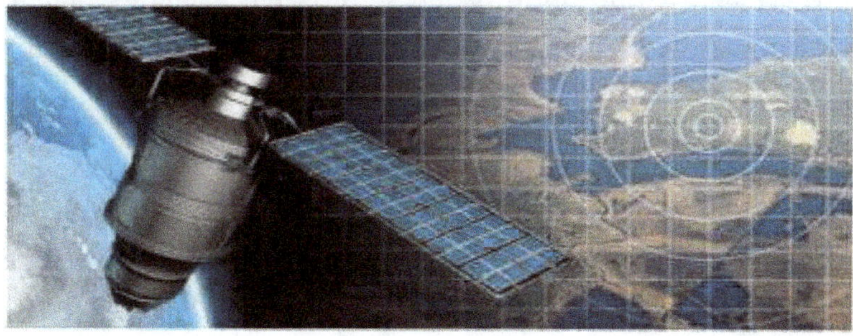

La **Gestión Integral de la Información Geográfica Digital** −GIIGD− conforma una **idea**, un concepto de un **proceso** continuo desde las **fases** de conceptualización −*"forjar conceptos acerca de algo"* según la RAE− hasta la **explotación** de la Información Geográfica −IG−, de la Información Geográfica Digital −IGD−.

Esas fases **incluyen** la definición de los **objetivos**, **métodos** idóneos para la **captación** de la IGD, **almacenamiento**, **procesado**, **validación** y control de la calidad −**QIG**−, **diseminación**, junto con otros, como la **custodia**, **interoperatividad** e **interacción** con otra IGD, fases de **retroalimentación** y **mejora**, etcétera.

Se podrían resumir en **definición**, **obtención** y **gestión** de la Información Geográfica Digital.

Para el desarrollo de este **proceso** se requiere de una serie de **herramientas**, **tanto** SW **como** HW, que, **integradas**, actuando en ese proceso definido y continuo, **generen** un valor, una IGD, a **disposición** de quien o qué interese.

Puede ser entendido como un concepto relacionado con **Inteligencia del Territorio, Ciencia de la Información Geográfica** – GISc–, **GeoSpatial Inteligence** – GEOINT–.

9.11   N@L

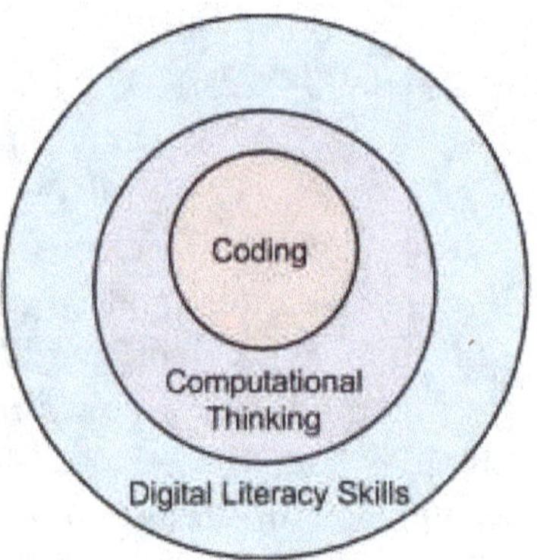

Donde "sudar", code.org

El Acrónimo Conceptual **N@L** sería la expresión de "Nivel Alf@ Level", el "Nivel de Alf@(betización) Digital, Level", que posee una persona, las "habilidades alf@(béticas) digitales" que le permiten **leer** y **escribir** en lenguaje digital. –Como en otras ocasiones, se aconseja no usar la versión Alfabetismo digital – WP–ES–.

Es éste un aspecto de la realidad sometido a muy **intensos** debates, avances y aplicaciones cuyo **análisis**, aún somero, **extendería** con mucho la pretensión de este @about –de esta tesis, de muchas otras, probablemente– **pudiendo**, como se diría en lenguaje popular, "dar para mucho". Para muchos **temas**, líneas de investigación, más en el **ámbito** de la Geografía, de las Ciencias de la Tierra y el Espacio, con las **características** que la Información Geográfica Digital – Digital Geographyc Information – posee. Cómo expresarla, **integrarla** en entornos Web 2.0, VS, RAi - iAR y muchas otras posibilidades que el Entorno Digital Environment posibilita.

El Acrónimo Conceptual –AC– puede ser **N**α**L**, Nivel α de Digitalización –**Nivel**α**Level**– pero puede generar **problemas** con la codificación de α, incluso su **lectura** en ciertas tipografías y/o dispositivos, por lo que se usa @, **N@L**, de **modo** mayoritario.

Imagen y unos comentarios sobre
sudor, "sudar tinta china",
"con los "tinteros"
que ocupaban las esquinas de las mesas escolares
*en **tiempos de antaño**,*
cuando los alumnos escribían a pluma."
como yo, este doctorando :-)

- " *Web Literacy is the skills and competencies needed for reading, writing, and participating on the Web.*"

- " *WebLiteracyMap, a map of the skills and competencies people need to read, write and participate effectively on the web.*"

- El software gratuito del MIT con el que tu hijo aprenderá a programar

  "*...los niños no dejan de ser creativos de un día para otro, simplemente les **obligamos** a aprender una serie de habilidades y datos que no les estimulan, hasta que **dejan** de interesarse por la investigación.*"

  "*... De esta forma **crean** sus propias historias o videojuegos que **comparten** con una comunidad de millones de usuarios como ellos. Dejan de ser **consumidores** de tecnología para convertirse en **creadores**. Y lo que es más importante, como afirma Resnick, les **enseña** a tener más confianza en ellos mismos y a superar sus barreras para **saber** enfrentarse al futuro.*"

- Scrath, "*Crea historias, juegos y animaciones. Comparte con gente de todo el mundo*"

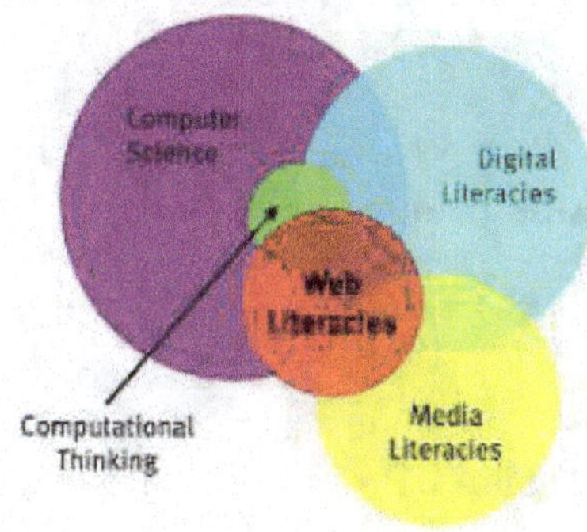

9.12   Plataforma

En **espera** de finalizar las "consultas", de disponer de **tiempo** para ello, se puede tener una **visión** general e *introductoria* sobre qué se entiende, cómo se pueden entender las **"plataformas"**, leyendo el artículo *"La fiebre de las plataformas"* escrito por Evgeny Morozov.

En el último enlace puede acceder a una **serie** de artículos muy interesantes sobre estos temas, el MundoCiberWorld, **ampliable** en la página personal de este **profesor** visitante en la Universidad de Stanford y profesor en la New America Foundation.

Como **introducción** del artículo mencionado en primer lugar se lee: "*Una gran **mayoría** de las compañías tecnológicas se ha convertido en **parásitos** de las relaciones sociales y económicas existentes. No producen nada **propio** sino que reordenan lo que **otros** han desarrollado.*"

Continúan las consultas...aunque se pude adelantar en GlobalNet

9.13   TAi2κ

Se entiende por **TAI2k**, **TAi**$^2\kappa$ un **T**rabajo **A**cadémico **i**nnovador **e** **i**mplementado como método de **valorización** —*"acción y efecto de valorizar => reconocer, estimar el valor o mérito de algo o alguien"*, según la 🌐 R.A.E.— de la producción **académica**, en favor del conocimiento, **knowledge**, representado por la 🌐 letra griega kappa, κ.

- Es **Trabajo**, pues requiere un **tiempo**, una **dedicación**, un **coste**, expresado en una **Valoración Económica**, y se **persigue** un beneficio, una remuneración, una **compensación** por el esfuerzo realizado − posible 🌐 Crowdfunding

- Es **Académico** pues se **pretende** esa **compensación** en forma de **nota académica**, de **inclusión** en el **curriculum académico** en una estructura de **formación reglada**

- Es **innovador**, pues tiende al **trabajo por objetivos**, por **proyectos**, en régimen de cooperación − posible 🌐 Crowdsourcing

- Es **implementado** pues **ha de tener** reflejo, **en** su finalización **y/o** hitos determinados, en un **enlace** al Entorno Digital Environment, **EDE**, en el que se **acceda** al **resultado** obtenido − posible 🌐 Crowdsourced testing

Se **tratará** de ampliar estos conceptos, estas ideas, en base a una **información** existente y estructurada, pero que se ha de **consultar** y reordenar.

9.14   Traslación

Se puede **entender** el término "Traslación" como el hecho, la acción, de **"trasladar"**, y **no solo** "traducir", un DIDiC, como esta **TesisALP**^{UM}, a otra **cultura**, a otro idioma.

Esta Traslación **podría** equivaler al término inglés 🌐 "Translation" pero **no** entendido como 🌐 "Traducción" sino como "traslado" − 🌐 acción y efecto de trasladar 🌐 algo de un lugar a otro−, a la 🌐 localización de ese idioma, 🌐 language localisation.

Esta "traslación" **supone** una "mudanza" de **toda la estructura** del dispositivo, su 🌐 código fuente − source code −se desaconseja la consulta de 🌐 código fuente ES por imprecisa e insuficiente− a los **parámetros** socio-culturales, al EcoSistema Digital, en que se "localiza" **ese** lenguaje, ese idioma, **esa** cultura.

Y una "mudanza" de **todos** los "muebles" −banners, logotipos, colores, tipografía, imágenes en todo el dispositivo al entorno próximo, geográfica y/o culturalmente, adaptación de SGR, plugins, acrónimos, código comentado...− **supone** eso: una "mudanza" del dispositivo **en toda regla** para lo que hacen falta experto@s 🌐 "trasladadore@s", no solo traductores

Estas y otras consideraciones son **desarrollas** en 🌐 TAi2kT.

ANEXOS

A Reconocimientos

Dirección de Tesis

El ⚲ Profesor Doctor Don Ramón García Marín, ⚲ Ramón el de ᴡ Archivel como es conocido por la promoción de 🅤Licenciatura en Geografía ᴡ 1999- ᴡ 2004 de la 🅤Universidad de Murcia de la que formamos parte, aun cuando "alguno" finalizara el año ᴡ 2006, ha creído desde el primer momento en esta tesis, en su concepción, en su formato, y en sus complicaciones.

El ⚲ Profesor Doctor Don Carmelo Conesa, promotor de varios proyectos en los que he sido invitado a participar -🅤DYACM-SEG - 🅤EGRAL-SEG- ha resultado siempre una persona que ha confiado en "casi locuras" tecnológicas y metodológicas propuestas por este doctorando, métodos aún no muy "maduros" pero que, con el apoyo de personas como él, acaban "madurando".

Gracias a ellos, a su apoyo, y a su paciencia, estamos aquí, podemos llegar a presentar, defender y publicar esta Web 2.0 enciclopédica, en su forma y en su fondo, esta Tesis Doctoral Virtual.

Dep. de Geografía

GeoEtiqueta	Etiquetas
GEOTAG: : 37.98806774000°;-1.125916240000°, 49.000m	departamento de geografia, universidad de murcia

Gracias al Departamento de Geografía de la Universidad de Murcia -EU-ES-MC- y a todo su cuerpo docente, incluidos los ausentes, Carmelo Conesa, Francisco López Bermúdez, Carmen Bell, Aurelio Cebrián, junto con los "nuevos", Alfredo, Gustavo, Rafa, Ramón, se presenta esta Tesis Doctoral.

Su **formación** y los conocimientos transmitidos por sus miembros me han permitido adoptar distintas perspectivas, distintas percepciones de nuestro mundo, de cómo entenderlo, relacionarlo, **comprenderlo**.

En especial, he de nombrar a los que han sido -para mi siempre lo serán- w Profesores y w Eméritos, el Dr. Don Francisco Calvo García-Tornel -una semblanza en PDF- y el Dr. Don Francisco López Bermúdez, que con una apasionada visión de sus respectivos campos de estudio, la w Geografía Humana - w Human Geography y la w Geografía Física - w Physical Geography respectivamente, han contribuido a mi formación, al igual que a la de cientos de alumnos y alumnas que han tenido la dicha de poder contar con su sapiencia y su docencia.

Así mismo, he de mencionar al ⬤ Dr. Don Francisco Alonso Sarría que, con su "insistencia" en W Linux, W GRASS GIS, L A T E X, ha posibilitado la existencia de un grupo de investigadore@s en ⬤ Ciencias de la Tierra que conocemos y podemos usar las herramientas más eficaces, no las más fáciles, seguramente, en las labores diarias.

El recuerdo de la primera clase, con el Profesor ⬤ Dr. D. Martín Lillo Carpio, con "salida de campo" inmediata, a la W Biblioteca Nebrija, donde esta el saber, forma parte de las vivencias que no se olvidan.

Tampoco los compañeros y compañeras, no solo de esta promoción,
que con su ayuda, sus apuntes, comentarios, comprensión,
ayudaron, ayudan -Atenza 😃- a que esta Tesis Doctoral pueda ser una realidad.

Otro@s compañero@s merecen especial mención, aquellos con los que pasé muy agradables momentos, y de los que aprendí, trabajando y charlando, en el ⓊⓂINUAMA.  Fulgen, ⬤ Arantza, Jesús, Pepe, José Plácido, Gomaríz, personal del ⓊⓂOSERM, de lo@s que guardo un muy grato recuerdo.

Mundo Práctico

GeoEtiqueta	Etiquetas
🌎 GEOTAG: : 38.281768°,-1.432976°, 232.000m	🏷️ presa, judío, topografía, obras

En el mundo práctico, en las acciones aplicadas, como procesos de aprendizaje y uso de los métodos y técnicas necesarias, he desarrollado una parte importante de la vida laboral, y de conocimiento y aprendizaje, durante los últimos decenios, especialmente desde el año 1989 en que se inicia, partiendo desde cero, sin conocimiento ni formación o titulación relacionada, una relación con el mundo de la obra pública, al ser integrado en la plantilla de ⊙INYPSA, empresa de ingeniería contratada como Asistencia Técnica a la Dirección de Obra en la construcción de la ⊙Presa del Judío, en el Término Municipal de W Cieza, EU ES-MC.

Un recuerdo y homenaje a todas las personas que, con el trato, el trabajo y el aprendizaje, han marcado estos últimos veinte años, posibilitando la continuación y avance en especialidades técnicas y de conocimiento, en otras empresas, en otros proyectos, fundamentales como base para la presentación y defensa de esta Tesis Doctoral.

Inspección tras tormenta

Francisco Martín Carrasco, Vicente Muñoz-Reja, Abelardo López

Dirección y Jefatura de Obra

Vicente Muñoz-Reja, Abelardo López, José Manuel Silvestre, Antonio, D. Julio Muñoz Bravo, Lorenzo Moreno

Labores de limpieza en paramento aguas abajo

Javier García Gallego

Personal de Dirección y de construcción

Personal que dirigió y construyó la Presa del Judío

Cacharrería

GeoEtiqueta	Etiquetas
GEOTAG : 40.48328004º,-3.36248696º, 695.000m	cacharreria, grafia, fonia, bripac

Soy **consciente** de que muchas cosas de las que vengo haciendo en los últimos **decenios** -hace un momento equipar y cambiar un monitor- **siempre** con cables, conectores, adaptadores, "trasteo" con todo tipo de equipos, alguno de ellos **complejos**, como la Estación Total GPS Trimble 5700, **casi siempre en** procesos de autoaprendizaje, no me **hubiera** sido posible sin la **formación** que recibí al realizar el **curso** de "Grafía y Fonía" en el entonces "Batallón Mixto de Ingenieros" de la "Brigada Paracaidista del Ejército de Tierra", EU-ES, Alcalá de Henares, años 1975- 1976.

La **comprensión** sobre los equipos y su complejidad, su montaje y desmontaje, cables y clavijas, antenas, manuales, el **orden** necesario para su operación y mantenimiento, me ha sido de **gran utilidad** en muchas facetas de la vida, en la Aeronáutica, la Topografía, la Informática, los RPAS, en el **día a día**.

Gracias a estos conocimientos, y a las **personas**, jefes, oficiales, suboficiales, compañeros de fatiga, que **hicieron posible** que aprendiera todo ello, debo, en gran medida, **poder presentar** este trabajo, esta Tesis Doctoral.

Skeye, S.L.

GeoEtiqueta	Etiquetas
GEOTAG : 38.013497219,-1.173713219, 100.000m	skeye, rpas, socios, empleado@s

Sin Skeye Sistemas Aéreos Robotizados, S.L., sus **socio@s**, Hugo López Guisuraga, Jesús Román Guardiola, José Antonio García Fernández, Encina Martínez Barredo, **empleado@s**, Antonio "Toni" Tomás López, un "máquina" para todo lo que haga falta, "Josico", siempre dispuesto, "serrano" de Yeste, Daniel "Dani" Criado Herranz, un segoviano en Fuente Álamo, Pascual, Carlos, Manolo, **junto con sus medios** y el "**Fondo Fotográfico Skeye**", esto, TesisALP, no sería posible.

Mi **reconocimiento** y gratitud a todo@s ello@s.

En parte

La ◉ Fundación Séneca, Agencia de Ciencia y Tecnología de la Región de Murcia, ha financiado el Proyecto de Investigación *"Dinámica y cambios morfológicos recientes del Bajo Segura (Vega Media)"* -◉Proyecto DYCAM-SEG-, con referencia 15224/PI/10, al amparo del cual se ha desarrollado ◉ DYCAM-SE VS, proponiendo su uso como método de entrenamiento, aprendizaje y de apoyo a la investigación.

Radio Clásica

w Radio Clásica se convierte en una compañera permanente e inseparable en las largas horas de trabajo en la soledad de la pantalla, del teclado, que se hace amena, agradable, en compañía de sus "Conductores", de todo el personal que hace posible unos variados y agradables programas.

También, en una ◉ sintonía analógica, avisa de cambios en la atmósfera que a afectan a las w ondas, la llegada de inestabilidades, w tormentas, las w geomagnéticas, recordando donde vivimos, donde estamos, cómo todo lo que ocurre en el w Universo nos afecta.

CC2k

Reconocimiento y gratitud a las personas que **participan** en la ◉ Campaña de Crowdfunding 2 knowledge promovida por Abelardo López Palacios - Ver BecALP.

A las personas

Las personas a las que debería nombrar y agradecer el haberme ayudado a llegar hasta aquí son muchísimas.

Todas las que he conocido y tratado, de todo tipo de origen y creencia, de una manera u otra, conforman la "circunstancia" que me trae al "yo" presente. Sin todas ellas no habría sido posible.

Nombrarlas a todas sería una labor ardua, pero iré tratando de mencionar a algunas de ellas, con el deseo de que **representen a todas** aquellas a las que les transmito mi más sincero agradecimiento.

José Luis Bahón Peña, viejo amigo, "cascarrabias irredento", que **representa** una época y, en esta dedicatoria, a un **grupo de personas** con las que aprendí a w volar. 

Fernando Muñoz Bozzo y su equipo, **Hortensia** y **Mariano**, con su amabilidad y apoyo, han permitido una de las "obras" singulares, el VS del Puerto de Cartagena 

Joaquín Juan Agüera, Joaquín Meroño y el equipo del "Parque Tecnológico de Fuente Álamo" -EU ES-MC- han constituido un apoyo muy importante en los últimos años, en los de desarrollo de RPAS, VS y otros procedimientos integradores de IGD. 

Un recuerdo especial a **todo** el personal del Centro de Transferencia Tecnológica de la Universidad de Murcia, en el Parque Tecnológico de Fuente Álamo, que con su trato, siempre amable, han contribuido, en una época compleja, a esta Tesis Doctoral Virtual. 

Marisol Soler Segado, traductora "oficial", siempre atenta y dispuesta, una *"autónoma de viaje de turismo en Sevilla y a las dos de la madrugada con un trabajo ... "* 

Carlos Lencina. Gracias a su comprensión y atención, seguimos, con TesisALP "encuadernada" 

Y más, **más personas** a las que debo agradecimiento, e iré **incorporado**, pidiéndoles **disculpas** por posibles olvidos o tardanza.

Software Libre

La capacidad de desarrollo de este DIDIC no sería posible sin el concurso, la **existencia**, del Software Libre.

El W Software Libre es **posible** gracias al compromiso de la sociedad, lo@s usuario@s, que con su uso, su "experimentación", su **colaboración** en diversas formas, incluida la económica, permiten su desarrollo, su evolución.

A **todas las personas**, hombres, mujeres, instituciones, "marcas", grupos, que hacen posible su existencia, mi más sincero **reconocimiento y gratitud**.

La **relación** que sigue trata de reflejar Software Libre, o con características de licencia "asimilables", y que se **usan**, de modo **permanente**, en distintas fases de trabajo y producción habitual, en **TesisALP**.

Todos ellos corren en **entorno** W Windows XP, 7, 8.1, 10 con instalación en **varias** computadoras, todas con **licencia registrada**. ⇒ De "Personal" Computer a "Impersonal" Compueter

Aplicación	Utilidad	GeoTag	Observaciones
	FTP	GEOTAG: ::36.96500000°;-120.08166667°, 82.000m	Centroide California
Firefox	Navegador	GEOTAG: : 36.96500000°,-120.08166667°, 82.000m	Centroide California
	W DokuWiki	GEOTAG: : 52.51666667°;13.40000000°, 00.000m	Berlin. Susceptible de ampliación de información
WIKIMEDIA	Wikimedia	GEOTAG: : 36.96500000°,-120.08166667°, 82.000m	Centroide California
WIKIPEDIA	Enciclopedia libre	GEOTAG: : 36.96500000°,-120.08166667°, 82.000m	Centroide California
LibreOffice	Paquete de oficina libre y de código abierto	GEOTAG: : 52.51666667°;13.40000000°, 00.000m	Berlin. Susceptible de ampliación de información

Y muchas otras aplicaciones
Muchas personas.

B   Adenda

B.1   Argumentario

En este Anexo se incluyen una serie de anotaciones que se consideran relevantes y que, por diversos motivos, no han podido ser incluidas en la versión registrada como Tesis Doctoral, la Versión 2.3.

Así, todo el contenido existente en este Anexo **NO** forma parte de este depósito, por lo que, en un sentido purista, podría no ser considerado parte de la Tesis Doctoral, junto con algún texto insertado en los apartados anteriores e identificado por su color azul, texto que se inserta dada su vinculación contextual y entendiendo, siempre, que no altera o modifica el texto original y registrado.

Estas observaciones no son tenidas en cuenta en la actualización del soporte Wiki, en la que se incluyen distintos aparatos que, dada la premura de tiempo disponible, habiendo sido incluidos en este formato PDF, no se encontraban en ese soporte Wiki.

Accediendo a la opción "Revisiones Antiguas" se tendrá una información de la evolución temporal de cada entrada, tanto por creación como por modificación, habiendo sida creada la copia incorporada en la V 2.3 el día 2016-01-07.

B.2   Tesis Doctoral Virtual

En el progreso y avance de esta Tesis Doctoral Virtual, su **registro** y defensa, se detectan, como se ha comentado en distintos apartados, una serie de **problemas** relacionados con los formatos requeridos, de acuerdo a la **normativa** vigente en la Universidad de Murcia, Universidad en la que se realiza su presentación.

Estos problemas vienen dados por la **inexistencia de normativa** que contemple este tipo de tesis, de Trabajos Académicos Virtuales, formato idóneo para el desarrollo de TAi2κ y otros en los que **prime** su componente **digital**, lo que puede propiciar la **definición de un procedimiento**, un método, que pueda permitir su aceptación, defensa y, en su caso, validación.

Así, y como se ha señalado en Formato Dual y Soporte Físico, **esta tesis es más que** una publicación analógica y el fichero en formato PDF que la sustenta, ya que **la conforma** una Wiki dependiente de otra superior, **pudiendo** llegar a conformar un EcoSistema Digital de Investigación y Difusión del Conocimiento, como se **expone** en los Objetivos planteados.

En esta estructura, el fichero PDF, un resumen suficientemente amplio, con los **elementos fundamentales** inherentes a toda Tesis Doctoral —Parte I— no parece suficientemente expresivo de la Tesis ya que, de modo persistente, se hacen **referencias y enlaces** a la parte "virtual" de ella, **situada** en una Wiki, en la **URL**, en la dirección Web UM http://wikimasum.skeye2k.org/tai2k/tesisalp/, su coordenada **"W"**.

Esta estructura puede tener una **cierta similitud** con las 🌐 Tesis Como Compendio de Publicaciones, en las que esas **publicaciones** constituyen la **parte nuclear** de las mismas, al igual que la **parte medular** de esta Tesis Doctoral Virtual la constituye **la URL** de referencia.

En una **adaptación** de la 🌐 normativa para la presentación de "Tesis Como Compendio de Publicaciones", puede ser **sustituida** la copia digital de los **artículos** publicados, junto con otros requisitos establecidos, **por la** 🌐 aplicación informática, en **instalación local funcional**, que permita el acceso, lectura y consulta de aquella **información digital** que puede conformar el "Trabajo Académico Virtual", esta Tesis Doctoral Virtual.

En el caso de **TesisALP** UM, el contenido del **CD 2 de 2**, además del CD 1 de 1 que, de acuerdo a esta norma, incluye el "resumen" PDF, la **fuente** de la publicación **analógica**, de este libro.

B.3   Adaptaciones

En el **proceso** de progreso y avance de esta Tesis Doctoral Virtual, su **registro** y defensa, además de las **adaptaciones** señaladas anteriormente, se ha debido realizar toda una serie de **modificaciones**, tras su **impugnación** por parte del Servicio de Grado y Postgrado de la UM.

Ante **sugerencias** propuestas por la Comisión de Estudios de Doctorado, tras ser sometida a evaluación e idoneidad, ante las **dudas** suscitadas sobre su formato y composición documental, se han redactado e impreso **cinco versiones** entre 2015-11-10 y 2016-01-26, lo que ha dado lugar a la reestructuración del formato "libro", hecho que se ha considerado **prioritario**, por razones de calendario.

Este proceso ha **enriquecido** el contenido, la estructuración y, finalmente, el **método de presentación y registro** de esta Tesis Doctoral Virtual, novedosa e innovadora, pero ha **consumido** una gran cantidad de tiempo, **tiempo** *"que no descansa"*.

Así, este dinamismo de reformas y modificaciones no ha permitido una actualización simultánea del contenido Web, incluso una documentación más exhaustiva de esas modificaciones y reformas, todo ello en aras del cumplimiento de los plazos establecidos.

Por ello, y dada la "inmovilidad" del formato libro, así como la necesidad perentoria de su edición y remisión al Tribuna Examinador, se remite a Registro de Cambios donde, aprovechando el "dinamismo" de los sistemas Web, se tratará de ir actualizando esta información

Quizás, en algún momento, se pueda documentar el "Efecto 10N" y las afecciones que ha supuesto para esta tesis. Pero en otro momento.

Geógrafo@ documentando ... "cosas" ...

y... al buscar "cosas" [4], ve que la RAE ha cambiado
"sus direcciones de enlace «lema.rae.es/drae» y «buscon.rae.es/drae» por «dle.rae.es»".
Hoy, 2016-01-26 10:16:00, **cambia la coordenada "W"** de todo el diccionario.
Y hay que revisar ¿cambiar? todos los enlaces interwiki link... ¿y de este libro?

Revisado. Hay que **cambiarlos todos** en la Wiki, y en esta publicación.
¿En todas las Wikis existentes en el **Mundo Ciber World**?

Menudo gol de la RAE... pero seguimos... :-)

---

[4] 1. f. **Lo que tiene entidad**, ya sea corporal o espiritual, natural o artificial, concreta, abstracta o **virtual**.

C   Adenda 2

C.1   Argumentario

Transcurrido ya un tiempo desde la defensa de esta tesis doctoral, un tiempo dedicado a distintas acciones, como se indica a continuación, se publica esta Versión 4.0 en formato **analógico**, vinculada con la Versión 4.0 **digital**, como conclusión final de la Tesis Doctoral Virtual **TesisALP**.

En esta versión, en la que se hacen ligeras modificaciones gramaticales, que no de los contenidos en las versiones de registro y tribunal examinador, junto con los enlaces Web, como se señala en el apartado **Migración**, se integra este "Anexo C – Adenda 2" que, al igual que el anterior "Anexo B – Adenda", **NO** forma parte del depósito de tesis doctoral, aún cuando el Anexo B sí ha formado parte de la Versión 2.4, de Tribunal Examinador.

En una primera idea se planteaba una versión analógica 3.0, coincidiendo con la apertura en Acceso Abierto de su formato Web, que recogiera las modificaciones introducidas en los momentos finales del complejo proceso de registro, así como los posibles comentarios, sugerencias, conclusiones, del tribunal examinador, orientaciones que, sin duda, contribuyen a la mejora de este trabajo académico y que se recogen en **Defensa** y resume en **Notas del Tribunal Examinador** –página 127.

Por diversas razones, fundamentalmente por la comunicación de que la Versión 3.0 no podría sustituir o complementar a la versión registrada –ver **Otros modelos** en página 130–, junto con la dedicación a otros proyectos –ver **PosTesis** en página 132–, esta versión no ha visto la luz.

Coincidiendo con un hecho que se considera altamente relevante, como es la migración de los servicios Web y las consecuencias que ello conlleva, parece oportuno retomar esta idea, aún cuando se trate de una edición, la 4.0, que se podría catalogar como "no oficial", y proceder a su edición en la confianza de que, quizás, pueda servir de apoyo a futuras iniciativas y contribuya a la difusión de estos métodos y procedimientos que han posibilitado, finalmente, la conversión de un "Proyecto de Tesis Doctoral Virtual" en "Tesis Doctoral Virtual".

C.2   Migración

Cumplidas las fases propias de un proceso de formación reglada, siendo el grado de Doctor el máximo nivel que el currículum académico permite alcanzar, y de acuerdo a la normativa propia de la Universidad de Murcia, se impone una "desconexión telemática" que afecta a todos los servicios vinculados con **TesisALP**.

Esta migración, según indicaciones recibidas, se ha realizado a lo largo del verano del año 2016, de modo que al inicio del nuevo cursos académico 2016-2017, en el que no existe vínculo de matrícula o académico con la institución universitaria, no sean usados sus servicios por persona ajena a la misma.

La migración desde los servidores de la Universidad de Murcia se ha realizado a un recurso de hosting –alojamiento Web– propio y privado, en el dominio К www.skeye2k.org, gestionado y mantenido por К Skeye2k-f, englobándose todos los recursos de **TesisALP** en el "EcoSistema Digital de Investigación y Difusión del Conocimiento" **WikiM**$^{+um}$ – **WikiM** alojado en el subdominio wikimasum.skeye2k.org.

C.2.1 Iconografía

El principal reflejo de esta migración se observa en el empleo del icono en sustitución de , icono diseñado como identificador de un recurso concreto, **TesisALP**, en el dominio "um.es", pero no vinculado orgánicamente con él, con .

No obstante, esta sustitución icónica no se aplica en la presente publicación, salvo en este "Anexo C - Adenda 2", manteniéndose los identificadores originales en todo el documento, que no los enlaces propiamente dichos.

Así, todos los enlaces identificados como , salvo algún posible error, deberán conducir al dominio bajo cuyo icono distintivo se encuentra **TesisALP**.

C.2.2 Coordenada W

El hecho de esta "migración" supone la **pérdida de la coordenada W**, WiPc en página 51, la coordenada original de ubicación en el "Espacio Ciber-Digital", el Mundo Ciber World – página 109, de **TesisALP**, unos enlaces Web, http.www.um.es/tesisalp y http://wiwkimas.atica.um.es, que conducirán a unas URL canceladas, reportando un error de acceso pues ya no existen.

De este modo, cualquier persona que acceda a la consulta del tomo y CDs correspondientes a esta tesis doctoral, cumpliendo las condiciones exigidas, entre ellas rellenar el oportuno formulario, o contacte con el Repositorio Institucional de la Universidad de Murcia, o TDR (Tesis Doctorales en Red), donde podrá obtener un fichero PDF de la Versión 2.3, de Registro, no podrá hacer uso de las capacidades hipermedia en los enlaces que dirigen a la forma virtual de **TesisALP** pues éstos no serán funcionales, reportando siempre error.

Así, lo que se considera una tesis doctoral registrada y depositada, algo que realmente resulta una hijuela, un resumen subordinado a un sitio web, a una Wiki, a una estructura computacional que permite la redacción de una Tesis Doctoral en formato Web 2.0, en el lenguaje propio del inicio del S. XXI, el lenguaje digital, pierde su razón de ser, su función fundamental como vínculo entre un entorno analógico y el ciberespacio, *el nuevo hogar de la Mente*, donde se encuentra esta Tesis Doctoral Virtual, TesisALP.

C.3   Notas del Tribunal Examinador

Una vez concluida la ⓤexposición de defensa, en la que se relacionan la 🌐 Lay de Moore y la 🌐 Singularidad Tecnológica, su impacto en el Conocimiento y en la Geografía, junto con la Virtualidad, entorno en el que se enmarca este recurso digital que pretende ser reconocido como Tesis Doctoral Virtual, intervienen los miembros del tribunal, con comentarios y anotaciones que, sin duda, contribuyen a la mejora de este trabajo.

Estas intervenciones se encuadran en dos aspectos relevantes.

- Un primer aspecto versa sobre la calidad y fiabilidad de la Información Geográfica Digital, en modo general, y, específicamente, sobre los Entornos Virtuales que conforman los Simuladores Virtuales expuestos en esta tesis

- Un segundo aspecto cuestiona aspectos relacionados con la custodia, permanencia y acceso al soporte virtual en que se conforma esta Tesis Doctoral Virtual

C.3.1   Fiabilidad de la IGD

En primer lugar, el Dr. Álvaro Gómez realiza alguna observación sobre la validez y fiabilidad de la Información Geográfica Digital, su obtención por RPAS e integración en Simuladores Virtuales Geográficos.

En segundo lugar, el Dr. Benjamín Galacho cuestiona sobre la fidelidad de los Entornos Virtuales y su composición.

Respecto a la primera cuestión, se hace notar lo señalado en el Capítulo ⓤ Base de Datos de Conocimiento Geográfico en el que se pone de manifiesto la necesidad de la observación de las normas y protocolos propios de la *"Evaluación y Gestión de la Calidad de la Información Geográfica"*, rama englobada en la 🌐 Geomática, unos aspectos de metadatos que no solo no se han de obviar, sino que han de ser una preocupación básica en todo el proceso de la "Gestión Integral de la Información Geográfica Digital", independientemente de finalidad, uso y aplicación.

Respecto a la segunda cuestión, y relacionada con esta misma observación, se ha de entender que el proceso de "Virtualización del Entorno" que se propone, y aplica, en todos los Simuladores Virtuales desarrollados y analizados en esta tesis, pretende obtener un tipo de 🌐metaverso, un escenario en el que el *"espacio virtual colectivo y compartido"* esté basado en una 🌐"Realidad Real", no en un *"mundo virtual ficticio"*.

Esto se consigue a través de la "Virtualización del Entorno" –página 30– con el empleo de las esferoimágenes o esferofotos –página 52–, fiel reflejo de una realidad en un momento determinado, obtenidas y gestionadas con medios propios.

C.3.2   Pervivencia de TesisALP

El Doctor Humberto Martínez Barberá se interesa, entre otros, por dos aspectos que son considerados de muy alta relevancia.

El **primero**, sobre la inclusión de la IGD, la coordenada W, y su conservación en imágenes.

Este aspecto es tratado en ⓤCoordenada WiPg, proponiéndose el uso de los campos "Description" en el fichero Exif y "Caption" en la información IPTC que se incorpora en el mismo fichero Exif, *"a format for storing metadata in image and audio files"*.

Estos campos están diseñados para otros usos, según su propio título, por lo que se plantea, una vez finalizado este proceso de defensa de tesis, el estudio y definición más precisa de determinados aspectos y, en su caso, la formulación de propuesta de inclusión de campos específicos en futuras revisiones.

El **segundo** aspecto, quizás el más relevante, que puede resumir lo que puede suponer y aportar este trabajo, hace referencia a la **"la persistencia de esta Tesis Doctoral en su componente virtual"**, de modo que se pueda asegurar su **consulta**, **análisis** y, en su caso, **replicación**.

Ciertamente, como ya se indica en Black Hole Buffer y se reitera en Conclusiones Parciales –página 55–, Custodia de la IGD –página 58–, existe un **alto riesgo** de que una gran parte de la información digital en general, la IGD en particular, se pierda, resultando inaccesible, por diversas razones, como se expone en Imagen y Recuerdo - Referencias.

Un caso concreto puede resultar este trabajo, en toda su componente virtual –Máquina Virtual y sus complementos– elementos que pueden desaparecer de forma, relativamente, fácil.

La simple desvinculación del doctorando de los ámbitos universitarios; el próximo curso académico, en el que ya no exista razón de matrícula; distintos aspectos operativos de ATICA, que pueden llevar a reconsiderar el alojamiento y máquina virtual configurada. Otros, quizás no imaginables, o sí, pero que pueden producir el efecto de su desaparición y, probablemente, muy difícil recuperación.

En definitiva, una situación que, en la actualidad, puede considerarse como "delicada", y que puede desembocar en la pérdida de **TesisALP**, no en su formato libro y CDs, depositados en la Biblioteca de la Universidad de Murcia, sino en su versión online, su versión Wiki, Virtual, la que realmente puede ser accesible por cualquier persona, desde cualquier lugar, en cualquier momento, un aspecto no considerado por las instituciones académicas, por la Universidad de Murcia.

El anterior y siguiente texto, incluido en cuadros sombreados, fue redactado en la versión Web entre el 12 y 22 de febrero de 2016, con vista a la apertura en "Acceso Abierto" de **TesisALP**, su Versión 3.0, en el Anexo Defensa.

C.3.3   Copia – Espejo

Por ello, y en espera de posibles acciones de otros estamentos de la UM, si se considera de interés su custodia y preservación, se habilita un "espejo", una imagen en recurso externo, acompañada de copia de seguridad de la propia Máquina Virtual y estructura, aspectos que serán documentados.

De este modo se mantiene una copia operativa, una réplica de **TesisALP** en hosting externo, al amparo del proyecto ҟ Skeye2k-f, con logo distintivo **TesisALP**, en que proseguir con desarrollos más allá de la versión 3.0, límite que se fija para dar por concluida la estructura propuesta e implementada para el desarrollo de esta Tesis Doctoral Virtual, según se detalla en Versiones - Digital.

URL de enlace: URL de enlace:
http://wikimasum.skeye2k.org/tesisalp   http://wikimasum.skeye2k.org

C.3.4   Preservación y disponibilidad

Como conclusión, y en respuesta más elaborada a la pregunta formulada por el Dr. Humberto Martínez Barberá, resulta evidente que la preservación y disponibilidad de este trabajo pasa a ser uno de los **objetivos fundamentales** perseguidos a partir del día 2016-02-23 EC, fecha de apertura del Sitio Web, de publicación en Web de TesisALP, fecha que coincide con el cumplimiento del cuarenta aniversario de un hecho acaecido en un lugar y en un momento. De un recuerdo en   imagen y coordenada W.

Un objetivo que amplía investigaciones sobre   "Depósito legal de publicaciones en línea" junto con el contacto para acceso a la información sobre   ¿Cómo se guarda internet? Charla y debate organizada por la   Biblioteca Nacional de España, tal y como se avanzó en la respuesta presencial.

Transcurrido un tiempo, siete − ocho meses, estos augurios se han cumplido; estas posibilidades, hoy en día, son realidades.

La Coordenada W se ha perdido y la componente virtual de esta tesis doctoral ha tenido que ser recompuesta en un dominio ajeno a la institución académica en que fue presentada y defendida, quedando en la misma un libro, un volumen y dos CDs que, muy probablemente, nunca serán consultados.

Así, se cumple un procedimiento administrativo que culmina con la expedición del título de doctor, pero que hurta la mayor capacidad de esta tesis doctoral, un "Trabajo Académico Virtual", con voluntad de disponibilidad permanente, de   Acceso Abierto, en el que otro@s invetigadore@s puedan encontrar orientaciones y conocimiento, tanto en las materias tratadas como en la forma y método de exposición propuesto y ejecutado.

Ante la posibilidad de que esto sucediera, y como se indica en el último párrafo de la respuesta al Profesor Barberá, quien ya podía intuir este desenlace, lo que justificaría su pregunta, el 13 de junio se estableció contacto con el "Área de Gestión del Depósito de las Publicaciones en Línea", Dirección de Biblioteca Digital y Sistemas de Información de la   Biblioteca Nacional de España, solicitando consejo sobre las acciones a realizar encaminadas a la preservación de esta tesis doctoral, de esta publicación eminentemente digital, dado que uno de sus motivos es el   Archivo de la web española.

Una vez establecido el contacto, y tras un intercambio de información, en la que se detalla que *"las tesis doctorales son de las publicaciones más efímeras y, por tanto, más necesitadas de ser capturadas o depositadas con urgencia"*, acciones que se realizan a través de *"rastreos de la web española con un robot especializado"*, se comunica que *"como sitio web en peligro de desaparición, vamos a incluir la publicación en una recolección web en cuanto nos sea posible"*.

Finalmente, *"me es grato comunicarle que su tesis fue archivada como depósito legal electrónico con su estructura web original"*, por lo que *"se podrá acceder desde los ordenadores al público de la Biblioteca o de las bibliotecas centrales de las CC.AA., que son las que tienen competencias en materia de depósito legal"*, algo que sucederá cuando finalicen los trabajos necesarios *"para que los ciudadanos puedan consultar todo lo ingresado como depósito legal electrónico"*.

De este modo, y gracias a la pronta y eficaz respuesta de la Jefe del Área de Gestión del Depósito de las Publicaciones en Línea de la B.N.E., Doña Mar Pérez Morillo, como uno de los *"recursos "nacidos digitales" [y] para que pueda[n] servir como herramienta de conocimiento para generaciones presentes y futuras"*, se puede considerar que **TesisALP** pervivirá al amparo de esta institución, la Biblioteca Nacional de España, encontrándose disponible, mientras sea posible, **TesisALP**.

C.4 Otros modelos

El procedimiento establecido en el ámbito de la universidad española, en el caso concreto de la Universidad de Murcia, establece el depósito, en el registro para ello designado, de una serie de copias impresas, para registro y tribunal examinador, en el formato que esta norma determina.

Una vez así hecho, y aprobado por un sistema administrativo que supervisa la adecuación a ese formato, esta copia, la Tesis Doctoral, no puede ser alterada, pasando a formar parte de los fondos bibliotecarios de la institución, una vez cumplidos una serie de trámites, entre los que se encuentra la autorización de nombramiento y convocatoria de tribunal examinador y su defensa ante ese tribunal.

Así, se puede entender que *"el sistema español (y otros países) ha convertido la defensa de la tesis en un puro trámite"*, llegando a afirmarse que *''no me parece que haya realmente una evaluación"*, en un razonamiento que concluye con *"sí, coincido contigo que la tesis es un proyecto mientras no sea ratificado por un tribunal"*.

Este texto, entrecomillado y en letra cursiva, corresponde a una correspondencia mantenida con un doctor[5] al que se le pidió una orientación sobre otros métodos, cómo se aborda esta cuestión en otros ámbitos académicos, y que añade *"cosa que no se da en el Reino Unido.*

Cuando hice la defensa, que por cierto, duró unas 4 horas, con dos descansos, y en la que hubo:

1. *presentación mía (20')*

2. *preguntas—dudas—discusión por parte del externo: dimos dos vueltas a la tesis: una para discutir las cosas más significativas, y otra para ver las de poca monta (≈3h)*

3. *preguntas—dudas—discusión por parte del interno (30')*

4. *conclusiones, e indicaciones para la modificación de la tesis según las correcciones (≈20')*

y en la que realmente tuve que defender mi investigación frente a los "ataques" del externo (no como en las defensas españolas; en las que he asistido el tribunal más bien elogia el trabajo del doctorando y hace preguntas abiertas, para que el doctorando se pueda explayar), al acabar la defensa, le di un apretón de manos al externo, y me fui a tomarme un sándwich a la cantina. Eso fue un detalle que me gustó mucho de la defensa inglesa, respecto a la costumbre española".

El correo, con esta perspectiva, concluye con *"muy buena idea lo de añadir las indicaciones del tribunal en la tesis"*.

Esta información y comentarios fue precedida por una detallada exposición de los procesos habituales en el ámbito académico en el que desarrolló su tesis doctoral, exposición que, dado su posible interés, se recoge íntegramente.

"En cuanto al proceso de defensa y correcciones de las tesis en Inglaterra, te puedo comentar la praxis que se lleva a cabo en la universidad donde defendí la tesis, Universidad de Cranfield (cada universidad tiene cierta libertad de establecer el proceso de evaluación), aunque tengo entendido que ésta es la práctica habitual en el mundo académico anglosajón (al menos en las tesis del ámbito científico).

*En principio puede llegar a haber **dos versiones** de la tesis: la que se entrega a los **examinadores** de cara a la defensa, y la que se entrega a los **servicios de documentación** de la universidad **después** de las correcciones indicadas en la defensa, que es la versión **definitiva**.*

Como sabrás, las defensas en Inglaterra son privadas, y el tribunal está compuesto por tres examinadores: un examinador externo a la universidad y sin relación académica con el examinado, y

---

[5]D. Pedro Cavestany, Dr. Ingeniero Informático por la Universidad de Cranfield

que debe ser una referencia en el campo, un examinador interno de la universidad, que ha de ser de otro departamento, y el supervisor, que puede asistir opcionalmente a la defensa. En mi caso no quiso asistir, por considerarse parte examinada también.

Hay cuatro posibles notas, en la evaluación de la defensa:

- ***Pass with no corrections****: La tesis está perfecta, no hay que cambiarle ni una coma. Muy pocas tesis tienen esta nota.*

- ***Pass with minor corrections****: Hay pequeñas correcciones que realizar.*

  Esta nota es la más común. Los cambios pueden ser errores tipográficos / gramaticales, pequeñas aclaraciones de términos o expresiones, y quizás la adición / eliminación de algún diagrama, figura o párrafo, incluso alguna sección en un capítulo.

  Ésta fue la nota que yo tuve, y los cambios que tuve que hacer me supusieron un trabajo de una semana (aunque se suelen conceder 3 meses). Vaya, poca cosa. Las correcciones tienen que ser aprobadas por el examinador interno, por lo que en este caso la función evaluadora del externo acaba en la defensa.

- **Pass with major corrections**: *Es necesario cambiar la estructura troncal de la tesis, o añadir capítulos enteros. Esta nota puede considerarse un suspenso, en términos prácticos.*

  Habitualmente supone rehacer / añadir experimentos, cambiar la metodología y ampliar la investigación. Puede llegar a implicar un trabajo de hasta 6 meses. Las correcciones han de ser aprobadas por el examinador externo. He conocido no pocos casos con esta nota.

- **Revise and submit again**: *Suspenso en toda regla.*

  Esta nota es un fracaso absoluto para el alumno, pero sobretodo para el supervisor, que ha permitido que se entregue una tesis incompleta o insuficiente para su defensa. El tribunal concede un año más de investigación al alumno para que rehaga la tesis y comience el proceso de la defensa de nuevo. También he conocido casos con esta nota, que suelen desistir y dejar la tesis.

Es importante destacar que no hay "notas", como en España. En Inglaterra, o apruebas, o suspendes. Ya está.

En cuanto a alguna referencia, los artículos sobre la evaluación de los doctorados suelen estar en la intranet de cada universidad, por lo que no hay muchas referencias, pero he encontrado ésta que quizás te pueda servir:

https://www.vitae.ac.uk/doing-research/doing-a-doctorate/completing-your-doctorate/your-viva/thesis-outcomes"

C.4.1   Versión Definitiva

Esta información, estos modos de proceder, coinciden con lo expuesto en varios apartados de **TesisALP**, un "Proyecto de Tesis Doctoral Virtual" que no será tal Tesis Doctoral hasta que el tribunal examinador así lo determine y que, con sus contribuciones y sugerencias, incluidas anotaciones sobre los procesos complejos de registro, permita la edición definitiva de **TesisALP**, incluida su migración a un soporte que permita su superveniencia y replicabilidad.

Esto es lo que se pretende con esta Versión 4.0 **analógica** vinculada con la Versión 4.0 **digital**.

Ciertamente, esta no será la tesis depositada, el documento obrante en los registros universitarios, unos registros estáticos y alejados de la "Nueva Realidad" en la que hoy se desenvuelve el "Nuevo Observador", un mundo dinámico, y eminentemente digital, al que la sociedad y sus estructuras han de adaptarse.

C.5   PosTesis

Con una serie de acciones de investigación, resultando dos publicaciones en sendos congresos, se culminaría lo pretendido en el inicio de este Proyecto de Tesis Doctoral, algo que no se pudo alcanzar debido, fundamentalmente, al tiempo y dedicación que ha exigido su validación para registro, una exigencia afectada, además, por unos plazos determinados por la "Resolución por la que se establecen las fechas máximas para admisión a trámite de tesis doctorales de regulaciones anteriores al RD 99/2011 (R-559/2014 de 23 de julio)", que fija el día 11 de febrero de 2016 como ''*último día para la lectura de la tesis doctoral*", fecha en que, efectivamente, y agotando todos lo plazos posibles, fue defendida esta Tesis Doctoral Virtual.

Por la vinculación con lo tratado en **TesisALP**, lo apuntado en sus conclusiones y la posible proyección de futuro que los temas en ellos expuestos pueden suponer, se incluyen en esta Versión 4.0 unas referencias a los mismos, aún cuando, evidentemente, por fechas y otras razones, no podrían formar parte de este tesis, ni se pretende.

C.5.1   Realidad Virtual

"La esferoimagen como técnica de Virtualización del Entorno y construcción de Simuladores Virtuales Geográficos. Proyecto DYCAM-SEG SVgVS", es una comunicación presentada en el XVII Congreso Nacional de Tecnologías de Información Geográfica, celebrado en la ciudad de Málaga – España entre los días 29 y 30 de junio y 1 de julio del año 2016 EC.

En la versión puesta a disposición del congreso e incluida en su libro de actas y página de descargas, **no son válidos** distintos enlaces Web, consecuencia de la pérdida de la coordenada W, por lo que se aconseja el uso de la Versión 2.0.

Esta comunicación es accesible, en formato Wiki, en el enlace que sigue, en forma de texto extendido: http://wikimasum.skeye2k.org/tai2k/svgvs_vr-ar/vr/comunica_xviitig.

C.5.2   Realidad Aumentada

A la celebración del XV Coloquio Ibérico de Geografía, que tendrá lugar en la Ciudad de Murcia – España entre los días 7 y 9 de noviembre del año 2016 EC, se presenta, y es aceptada, la comunicación *"La virtualización del territorio y su trasmisión en entornos computacionales: VR & AR"* dentro del Eje Temático 4° – C, "Espacios y Sociedades Inteligentes: Nuevos Valores para una Nueva Cultura Territorial".

Esta comunicación, pendiente de referencias y enlaces del propio coloquio–congreso, es accesible, transitoriamente, en formato PDF y en formato Wiki en el enlace que sigue, en forma de texto extendido: http://wikimasum.skeye2k.org/tai2k/svgvs_vr-ar/ar/comunica_xvcig

En la Ciudad de Murcia
a 20 de octubre de 2016
el ya Doctor en Geografía[6]
Don Abelardo López Palacios
Abelardo Lopez-Palacios, PhD

---

[6]Uno de los últimos Doctores en Geografía por la Universidad de Murcia. A partir de los cambios normativos, según parece, el título genérico sera el de "Doctor por la Escuela Internacional de Doctorado de la Universidad de Murcia".

TesisALP

http://wikimasum.skeye2k.org/tesisalp